异想天开系列丛书
丛书主编　高云峰

异想天开的力学游戏

高云峰　著
大山楂丸船长　绘

机械工业出版社
CHINA MACHINE PRESS

这是一本通俗易懂的力学启蒙科普读物，是清华大学高云峰教授继《异想天开的科学游戏》后又一新作，也是一本脑洞大开的"魔法"秘籍。通过 12 个神奇的小故事，介绍 12 个科学小游戏，并揭秘这些神奇现象背后的力学原理。这些游戏由高云峰教授设计，在全国众多小学、中学、大学中都开展过比赛，并在中央电视台《异想天开》栏目中播出。每个游戏都包括游戏情境、科学再现、科学探索、动手实验四部分，让读者从趣味横生的故事情境出发，通过动手实践探究科学原理，进而理解游戏背后蕴含的科学大概念。书中的现象来源于生活，实验材料也可从日常生活中找到。学生可由教师指导在学校课堂上或在家中自己复现实验。

本书文字生动、语言风趣，原理介绍深入浅出，既可以作为小学生的课外科普读物和实验指南，激发小学生学习科学的兴趣，也可以作为初中物理课或科学课的补充教材和课例材料，强化中学生对物理课程相关内容的理解。

图书在版编目（CIP）数据

异想天开的力学游戏 / 高云峰著；大山楂丸船长绘.
北京：机械工业出版社，2025. 4. --（异想天开系列丛书 / 高云峰主编）. -- ISBN 978-7-111-77898-1

Ⅰ. O3-49

中国国家版本馆 CIP 数据核字第 20259CT987 号

机械工业出版社（北京市百万庄大街 22 号　邮政编码 100037）
策划编辑：熊　铭　　　　　责任编辑：熊　铭　张晓娟
责任校对：樊钟英　陈　越　责任印制：常天培
北京联兴盛业印刷股份有限公司印刷
2025 年 5 月第 1 版第 1 次印刷
210mm×190mm・11.4 印张・189 千字
标准书号：ISBN 978-7-111-77898-1
定价：79.00 元

电话服务	网络服务		
客服电话：010-88361066	机　工　官　网：	www.cmpbook.com	
010-88379833	机　工　官　博：	weibo.com/cmp1952	
010-68326294	金　书　网：	www.golden-book.com	
封底无防伪标均为盗版	机工教育服务网：	www.cmpedu.com	

前 言

欢迎来到科学的奇妙世界！

出于对科普工作的热爱以及导演的邀请，我经常会参加中央电视台的《异想天开》《走进科学》《我爱发明》《加油！向未来》等科普节目的策划和拍摄。在这个过程中，导演除了与我讨论节目方案、咨询科学原理外，还经常希望我设计制作一些道具，好在拍摄时，更好地讲解其中的科学原理，所以这些年前前后后，我做了许许多多的道具，也设计了很多有趣的玩法。后来，我将这些道具的玩法、原理整理了一下，又加进去许多生活中的神奇现象和它们背后的科学道理，一起编纂成了一本对生活中的科学现象进行解密的书，也就是这本《异想天开的力学游戏》。

科学游戏中可以学到哪些科学本领

在书中，没有深奥的理论和刻板的知识讲解，有的只是一个个生活中常见的小问题。在解决这些问题的过程中，你自身的科学认知和研究能力也会潜移默化地提高起来。例如，在"帮助'倒霉蛋'高处逃生"游戏中，你会学到如何帮"柔弱"的鸡蛋从十几米的高空平稳落地，进而了解能量转换、碰撞、受力分析、结构强度等科学原理，这样你就能理解科学家在面临类似的但是难度更高的挑战时，为什么要那么做了。

在"'无风自动'的神奇风车"游戏中，你会了解风的形成，这会让你明白世界上其实并没有"灵异事件"的存在，有些让小朋友害怕的现象只是因为我们对世界的了解还不够深。如果你能学会掌握这些所谓"灵异现象"背后的原理，就可以解决很多现实中的难题。"蛋仔大力士养成记"游戏则会告诉你团结的力量有多大，并让你初步了解压力和压强、平衡、稳定性、冲击载荷等方面的知识，这些听起来很生僻的词其实在生活中有着大用处，会让你在看到挖掘机、塔吊等大家伙时，不再只是一味惊叹它们有多大，而是可以向父母和朋友们介绍它们在机械设计方面的巧妙之处。

除此之外，"巧绑绳索搭建一个稳定的结构""和铜棒棒捉迷藏""帮助小牙签们'坐船'回家"……都会用趣味横生的小故事、让你挠头的小难题以及相配套的知识讲堂，带你慢慢进入一个更宏大的科学世界，和你一起在知识的海滩上，不断寻找漂亮的贝壳。

这种玩游戏一样的学习方式，不仅会让你不再对科学知识探索有畏难心理，还会为你以后学习物理、化学、生物学、地理等学科打下良好的基础。例如，在"和铜棒棒捉迷藏"游戏中，涉及的知识有物体的重心、平衡、稳定性等概念，这些可都是以后物理课中要学习的重点；而在"巧绑绳索搭建一个稳定的结构"游戏中，你可以提前了解如何为物体做受力分析，并亲身感受到三角形的稳定性究竟有多强大。

用科学思维去分析和解决问题

相较于让小朋友掌握更多科学知识，我更希望能培养你们的科学思维方式，能让你们从书中学会如何用科学的视角去看待问题和解决问题。许多书中的内容，在今天看是游戏，但在从前却是人们切切实实解决生产、建设问题的宝贵经验。

举个例子，早在两千年前，中国古人就开始了对于力的观察，并记载在《墨经》中："力，形之所以奋也。"（译文：力，是促使物体由静而动、动而愈速的原因。）这一定义与1900多年后的伽利略和牛顿的科学论断极为接近，但遗憾的是，后人并没有就此延伸形成一个完整的科学体系。后来，西方出现了系统的观察实验和严密的数学演绎相结合的研究方法，并被引入物理学中，以牛顿力学体系为代表的近代物理学才真正诞生。而近代化学、生物学等学科体系的诞生，也与这套科学的研究方法密切相关。因此，学习科学只是动手实践还不够，还需要具备科学思维，学会像科学家一样思考。

像科学家一样去思考

方法比知识更重要，而通过"实验+游戏化"的方法去学习，能很好地培养大家的思维逻辑能力和创新性思维，进而更习惯用科学的方法去解决问题。比如在"酸奶瓶里还剩多少酸奶"游戏中，通过观察不同重量物体对橡皮筋拉伸程度的影响，我们可以归纳出橡皮筋、弹簧等物体在弹性限度内，其伸长量与所受力存在一种线性关系，而通过利用这种线性关系，我们就能对很多东西进行"称重"。

只要你在这些综合性探究实践活动中，不断经历"观察—归纳—验证—推广"的完整过程，相信你一定会掌握科学思维，学会像科学家一样思考和解决问题。这样，你在遇到未知的问题时，就不会再束手无策，而是会学着使用科学的视角来认识和分析问题，并逐渐学会应用复杂的科学思想、概念去解决现实生活中的问题。

总而言之，在我看来，科学是一种思考方式，一种用眼、手、工具去观察世界、获取知识的手段或技术，而结论只是我们追求知识的过程中的阶段性产物。所以，当你遇到问题时，就要大胆地寻找不同的解决方法，去不断地做实验，在持续的探究中一定会找到问题的答案，希望本书能给你的探究之旅提供一些帮助，让永远保持好奇、永远质疑一切的科学精神，也能在你心中生根发芽。

目　录
Contents

前言　欢迎来到科学的奇妙世界！

知识导图——关于"力"的那些事儿 / 001

游戏 1　"内破外不破"
　　　　巧扎双层气球 / 013

游戏 2　"无风自动"
　　　　的神奇风车 / 031

游戏 3　巧绑绳索搭建
　　　　一个稳定的结构 / 049

游戏 4　和铜棒棒捉迷藏 / 065

游戏 5　巧找平衡救水杯 / 081

游戏 6　帮助"倒霉蛋"
　　　　高处逃生 / 097

游戏 7　巧运水"救火" / 117

游戏 8　酸奶瓶里还剩多少
　　　　酸奶 / 135

游戏 9　蛋仔大力士养成记 / 153

游戏 10　三支铅笔"定"
　　　　重心 / 169

游戏 11　帮助小牙签们
　　　　"坐船"回家 / 187

游戏 12　生命之源大接力 / 207

知识导图
关于"力"的那些事儿

这本书介绍了12个趣味游戏，这些游戏有的看起来简单，但操作时需要格外的细心和反复的实验；有的看起来非常炫酷，甚至还有点神秘色彩，但其实操作起来非常容易。无论简单还是复杂，这些游戏背后都隐藏着共同的神秘力量——"力"。

我们希望，同学们能够从这些游戏中受到启发，在面对生活、学习中的各种困难时，学会如何分析问题，用全新的眼光去看待周围的事物和现象，用科学的态度和方法去寻求解决方案。

力，是生活中常见的现象；力学，是物理学中的一个重要分支。即使同学们还没有学习过任何物理知识，也可以从本书介绍的日常现象和图片中明白问题的本质。书中，我们会给大家介绍一些可爱的小伙伴——小智哥哥、小玥妹妹、美猴王、小牙签、蛋仔三兄弟等。他们会遇到各种难题，让我们跟随他们一起，思考解决问题的方法，开始这段关于科学、物理的奇妙探索吧。

为了方便同学们理解游戏中的物理学知识，我们先把这些知识和相关的日常现象集中在这张知识导图里，让大家可以系统地了解本书知识点的全貌，并且有初步的印象。后面在每个游戏中，我们都会有更详细生动的介绍。

1. 从"力"开始

(1) 力是什么

力是物体间的相互作用,这种作用的结果会使物体发生变化——要么是运动状态改变,要么是物体形状变化。

(2) 力的单位

衡量力大小的单位是牛顿(N),就是那位著名的大科学家的名字。

直观一点,1牛顿约相当于2个鸡蛋受到的重力,如图0-1所示。所以记住,在物理学中提起"1牛"可不是一头牛的力气哦。

图 0-1

(3) 力的三要素

大小、方向、作用点是力的三要素。那怎样简单地表示力呢?在文中,我们一般会用一条带箭头的线段来表示力。比如,图0-2中的黑色箭头就表示蛋仔受到的力,而箭头所指的方向,就是力的方向。

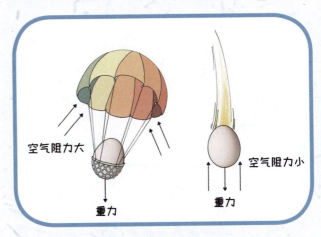

图 0-2

2. 力的平衡与稳定

(1) 生活中的力的平衡

虽然在物理学中,匀速直线运动也属于平衡态,本书中的平衡一般指物体与地面保持相对静止的状态。

以鸡蛋为例,它通常可以静止地躺在桌子上,在很小心地摆放的情况下,可以实现直立平衡。不过如果在空蛋壳里加些重物,把它变成一个不倒翁,让它躺倒就很困难了,如图0-3所示。

图 0-3

当我们将一张纸币折叠后以一定的角度立于桌面,就可以在折叠处轻松地放上一枚硬币,如图0-4所示。但是如果此时你将纸币慢慢拉成平展的状态,要想让硬币继续待在那个位置,可就需要技巧了。

(2) 平衡与稳定的关系

这两个例子中,鸡蛋和硬币都能平衡,但是有的容易实现,有的很难实现,原因与它们的稳定性有关。

稳定可以理解为,如果受到很小的干扰,物体还能在原平衡位置附近达到平衡,或只做小幅度运动。不稳定,就是很小的干扰也会使物体远离原来的平衡位置。

想象一下,如果酒杯没有底座,如图0-5所示,它能立在桌面上吗?

图 0-5

图 0-4

小玥妹妹如果非要在公共汽车上练芭蕾,用脚尖站立,如图0-6所示,她能站稳吗?

知识导图 ——关于"力"的那些事儿

图 0-6

答案很明显,酒杯不能立在桌面上,小玥妹妹也站不稳!你有没有发现,前面没底座的酒杯和单腿用脚尖站立的小玥妹妹,共同点是与桌面和地面的接触面积都很小。由此可见,物体的稳定与底部的面积有很大的关系。

方法总结

如果平衡是稳定的,很容易实现;如果平衡是不稳定的,就需要特别的技巧才能实现。

3. 弹力

所谓"弹性形变"指的是物体在外力作用下发生形状变化,当外力撤销时,又恢复原状的特性。物体发生弹性形变后,由于要恢复原形,会对跟它接触的物体施加力的作用,这个力就是"弹力"。比如,跳板跳水运动员脚下的那块"跳板"就具有弹性,起跳时借助它产生的弹力,可以让运动员高高地跃向空中,如图 0-7 所示。

图 0-7

弹力的大小和跟物体的形状变化有关系:在弹性限度内,形状变化越大,弹力也越大；形状变化消失，弹力就随着消失。利用这个特点，人们发明了"弹簧秤"。在本书中，我们会根据这个知识点，利用橡皮筋自制弹簧测力计，如图0-8所示。

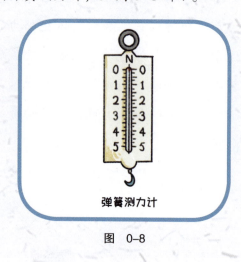

图 0-8

注意

产生弹力的物体还受到"弹性限度"的制约。

物体的形状变化超过一定限度时，撤去作用力后，物体就不能完全恢复原来的形状，这个限度叫作弹性限度。例如在弯折竹竿时，如果用了很大的力气，竹竿就会被折断，如图0-9所示。所以做实验时，大家一定要注意了解实验材料的弹性限度。

图 0-9

4. 重力、重量与质量

（1）牛顿的苹果与重力

先来看这个著名的苹果，如图0-10所示。传说中砸在牛顿头上、让他发现了"万有引力"的苹果。

图 0-10

知识导图 ——关于"力"的那些事儿

苹果向下落是因为它受到地球的吸引，如图 0-11 所示。

图 0-11

我们通常把由于地球对物体的吸引而产生的力称为重力。一般情况下，重量可以理解为重力的大小。在生活中，人们经常把重力和重量的概念混着使用，重量既可以表示物体受到的重力，也可以表示重力的大小。

（2）质量与重量

质量则表示物体所含物质的量。

质量与重量这两个概念既有联系，又有区别。质量是物体的固有属性，而重量则是物体外在的表现形式。物体的质量在不同的地方都是一样的，而重量则不同。比如，在地面上很重、搬不动的物体，到了太空中，由于失重导致它根本就没有重量，会飘浮在空中。但是这同一个物体，质量并没有改变。同样，如图 0-12 所示，人在太空中也会飘浮起来，质量并没有变化啊！

图 0-12

(3)质心和重心

本书中的游戏都是在地面附近做的,这时重量与质量的比值是一个固定数值"g"。

物体质量的中心叫作质心,物体所受重力的等效作用点叫作重心。在地球表面附近,物体的重心和质心是重合的。

大家可以想象,如果一个物体形状规则、密度均匀,比如一个实心球,它的重心一定就在球的正中心,如图0-13所示。

图 0-13

但是形状不规则的物体呢?比如一个人的重心在哪里?后面我们会在游戏里教给大家找重心的好办法。

此外,重心对于稳定也有很重要的影响。我们常说,重心低更稳,重心高不稳,如图0-14所示,背后又有什么道理呢?

重心低—稳定　　　重心高—不稳定

图 0-14

5.摩擦力与摩擦角

(1)摩擦力

当你开始轻轻推一个物体时,物体不会动,这是由于物体受到摩擦力,称为静摩擦力。当你慢慢加大推力,推力大到一定量时,就可以推动物体了,说明你的推力大于最大的静摩擦力,如图0-15所示。

知识导图 ——关于"力"的那些事儿

图 0-15

(2) 摩擦力的3种类型

如图0-16所示，3个顺着斜坡下来的木箱和木桶，分别受到3种不同类型的摩擦力。

图 0-16

如果你也想坐在木板上沿着斜面下滑，你会发现：如果斜面角度大，就可以轻松滑下来；如果斜面角度小，就很可能滑得很慢甚至停在斜面上，如图0-17所示。就像我们在游乐场里，那些看起来很陡的滑梯，总是很吓人，也很刺激！

这就涉及了神秘的"摩擦角"。不同物体之间的摩擦角不同，光滑的玻璃摩擦角很小，粗糙的皮革摩擦角就很大。不过，一般物体摩擦角不会超过45°。后面的游戏中，我们会给大家详细介绍摩擦角和它在生活中带来的各种现象。

图 0-17

6. 碰撞

生活中，如果小朋友很乖，爸爸妈妈会温柔地接触他，这叫"抚摸"；如果小朋友调皮捣蛋，爸爸可能重重地接触他，我们就会说这个小朋友"挨打"了。而对于没有生命的物体，我们不用抚摸、挨打这类词语，而是用"接触"和"碰撞"。

碰撞是一种接触，碰撞接触的时间越长，碰撞的作用力就越小；接触的时间越短，碰撞的作用力就越大。在生活中这样的例子很多，如图 0-18 所示，你用拳头击打泡沫墙，泡沫会产生较大的变形，而变形是需要时间的，这就增加了手与墙面的接触时间，手不会感到疼痛；而如果用同样的力气击打砖墙，墙面基本上没有变形，手与墙面的接触时间短，手会感到疼痛。

利用碰撞时的变形带来的影响，我们可以设计一些小装置，来减小碰撞时产生的破坏性效果。在游戏 6 中，你将会学习如何利用这个科学原理，保护一枚鸡蛋从高处安全着陆。

知识导图 ——关于"力"的那些事儿

图 0-18

7. 能量与做功

当我们辛苦地搬运重物时，在物理学中就称为"做功"。"功"是指力与移动距离的乘积。比如，图 0-19 中辛苦把鸡蛋搬上楼的小玥妹妹就正在做功。这里涉及的力就是一箱鸡蛋的重力，而距离则是从 1 楼到目的地的距离。通过做功她可以把这箱鸡蛋搬到高处，但做功是要消耗身体内的化学能量，而脂肪燃烧剩下的废料，会让她第二天腰酸背痛。

图 0-19

物体由于运动而具有的能量称为"动能"。物体受到重力且被举起一定的高度而具有的能量称为"重力势能",简称为"势能"。动能很容易理解,动起来才具有能量,而势能就有点抽象了。大家可以想想成语"势如破竹",这是一种物体所蕴含的与高度相关的能量。日常生活中所说的"搬起石头砸自己的脚""落井下石""爬得高、跌得重"都是在描述这种现象。

刚才小玥妹妹辛苦搬上楼的鸡蛋,也就具有了势能,如果从30米高的10楼楼顶上掉下去,如图0-20所示,它的势能又会转化为动能,让鸡蛋在落地时达到约24米/秒的速度,比人类百米短跑世界冠军的速度还要快1倍。这就是动能和势能的相互转化。

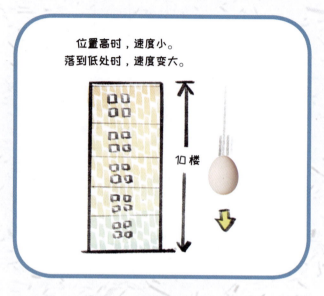

图 0-20

初步了解这7个科学概念后,你有没有感到更加好奇呢?原来生活中我们面对的许多简单小事,背后却隐藏着如此复杂的科学原理。不过不用有畏惧心理,因为人类认知的过程很有趣——当我们一无所知时,我们会盲目自大;当我们对世界的规律有所了解时,反而会变得谦卑和好奇;而当我们对世界运行的规律了解更多时,则会更自信、更有力量、更快乐!接下来,让我们一起动手、动脑,开始进行这些探索力的本源的有趣游戏吧!

游戏情境

游戏 1 "内破外不破"巧扎双层气球

魔术背后一定有它的科学原理!一起来帮帮小智哥哥吧——想想怎样才能不弄破外面的气球,而让里面的气球爆破。

异想天开的力学游戏

科学再现

要实现"让外面的气球安然无恙,而把里面的气球扎破"这种高难度的操作,就要弄清楚气球爆破的原因是什么。想想看,怎样才可以轻松地把气球刺破?又有什么方法能够让气球被尖锐的物体刺穿却不爆破?弄清楚这两点,再进行精细操作,就有可能完成这个看似不可能完成的任务啦。接下来,我们先从一个常见的生活现象讲起。

相信大家都知道,当湖面上只有薄薄的一层冰时,要在上面行走是非常危险的,随时都可能掉下去,"如履薄冰"就是形容这种现象的,如图1-1所示。

图 1-1

游戏1 "内破外不破"巧扎双层气球

但是,如果湖面上有厚厚的一层冰,那安全系数就会大大上升。在北方的冬天,湖面上结冰后,就会有人在冰面上滑冰、玩耍。

而在更加寒冷的东北地区,人们甚至可以直接在湖面上挖洞捕鱼。例如,著名的查干湖所在地区,每年1~2月,气温能达到-30~-10℃,此时冰层厚度能达到半米,所以湖面上可以跑汽车、开拖拉机,凿冰捞鱼更是成为传承千年的习俗。

你可以先用一个气球,换不同的位置扎扎试试,看看扎哪里气球可以不爆破,如图1-2所示;也可以换其他的尖锐物品去扎气球。你会发现,是否爆破和针的粗细与尖锐程度有关。

提醒

我们无法用肉眼去判断冰面的承载能力,小朋友不能自己去结冰的湖面和河面上玩耍哦!

如果我们把冰面看成气球的表面,自然会有这样的猜测:如果气球很厚,用针扎几下应该没有什么问题;如果气球很薄,一扎就会爆破。接下来,我们就动手试一试吧。

图 1-2

要点总结

如果要在不扎破外面气球的前提下扎破里面的气球，需要考虑以下两个关键点：

（1）位置，要从外面气球最厚的地方想办法。

（2）找到气球表面最厚的地方后，针头越细越尖，气球越不容易被扎破。不过因为我们只能用同一根针去扎内外两层气球，所以，针的粗细选择就有一定的小技巧了。

当然，我们也可以从表演魔术的视觉效果去考虑。如果你这个小小魔术师表演的是"用看不见的方法让里层的气球爆破"，那尽量用细的针，选择观众看不清针的角度去扎；而如果你要表演"不扎破外层气球，让里面的气球爆破"，可以选一根又粗又大的自行车辐条，噗地扎进去，外面气球却不爆破，视觉效果一定更震撼。

游戏1 "内破外不破"巧扎双层气球

科学探索

火眼金睛——
找出气球上最厚的地方

问题

吹起来的气球薄厚为什么是不均匀的?

> 当气球被吹得很饱满后,就会绷得很紧,如果仔细看,气球各处的透明程度是不同的。

原理分析

气球一般是由弹性材料制成,比如橡胶。当我们朝里面吹气的时候,气球内气体分子的量增加,由内向外推动气球壁,此时气球内气体的压强就会比大气压大,进而产生向外的压力,使气球膨胀,如图1-3所示。

图 1-3

异想天开的力学游戏

随着我们吹气越来越多,气球就会越来越大,不过受到气球本身形状的影响,它会先从中间开始膨胀,而顶部是最后膨胀的地方。如果连顶部都膨胀到无法再膨胀的程度,气球就会"砰"的一声爆破,如图1-4所示。

所以,吹起来的气球,顶部就是最厚的地方,透光能力没有其他部分好,颜色也会更深。在实验中,我们可以根据这个特点,寻找气球上颜色最深、透光最差的地方去扎。

图 1-4

无处不在的大气压

知识延展

虽然我们无法直接看见空气,但是在我们生活的空间里空气无处不在。这些气体由于地球引力的作用而被吸引在地球表面附近,形成了一个气体层,也就是我们平常所称的大气层。这个气体层对于地球表面上的物体和生物产生了压力,就像一个巨大的气垫,压在地球表面的所有物体上,如图1-5所示。

图 1-5

游戏1 "内破外不破"巧扎双层气球

同时,又因为空气可以像水那样自由流动,我们看不见、摸不着,但它又无处不在,影响着我们的生活,因它产生的压力也被我们所利用,如图1-6所示。

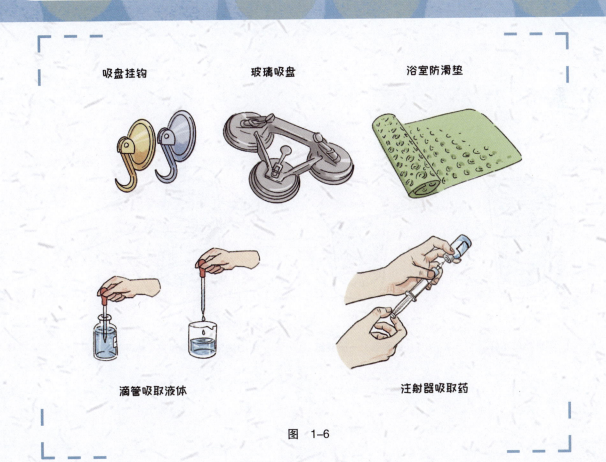

图 1-6

小朋友可以尝试着和爸爸妈妈讲一下图1-6中的原理，也可以用一些小实验让爸爸妈妈直观地感受到大气压的神奇。例如，当我们将装满水的无盖子水杯倒过来放置，水一定会洒出来，然而给杯口盖上一张光滑的硬纸，再把水杯向下翻转过来，水却不会漏出来，如图1-7所示。

装满水的水杯　　　上面盖上一张硬纸　　　小心地将水杯倒过来，水不洒

图 1-7

游戏1 "内破外不破"巧扎双层气球

蛛丝马迹——用不同的针效果有何不同

问题

针孔的形状为什么会对扎破气球有影响?

> 吹大的气球里面气压很大,当有一个地方破损,里面的高压气体就会争先恐后地从这个地方跑出来,如图1-8所示。

图 1-8

如果扎气球较厚的地方,针孔的形状对结果影响不大;如果扎气球较薄的地方,则有些影响。其道理可以用下面的简单实验来说明。

021

在较窄的纸条上扎两个不同的孔,一个较圆滑,一个很尖锐。挂上重物后,有尖锐孔的纸条会很快断裂,而有圆孔的纸条不会断裂,如图1-9所示。

现在,如图1-10所示,换上较宽的纸条,再做一次这个实验,你会发现两张宽纸条都不会被拉断。最好准备一些足够重的东西。你相信吗?一张A4纸竟然可以承受几十千克重物的拉力,你想拉断它可不是件轻而易举的事呢。

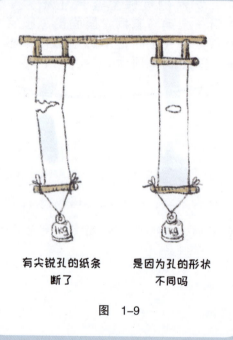

有尖锐孔的纸条断了　　是因为孔的形状不同吗

图 1-9

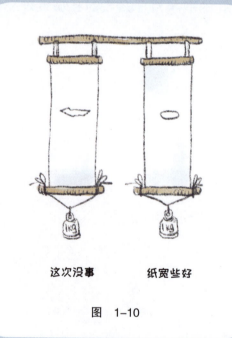

这次没事　　纸宽些好

图 1-10

游戏1 "内破外不破"巧扎双层气球

当我们扎气球时,就相当于在气球表面打孔。如果在气球表面留下的孔不够圆滑,边缘处有裂纹,在无处不在的气压差的影响下,缺口处产生的裂纹会瞬间扩散到气球表面的所有地方(就像从四面八方用相同的力撕扯一张有着尖锐缺口的纸),此时气球就会"砰"的一声爆破了!

"阻止"裂纹扩展与"利用"裂纹扩展在生活中的应用

知识延展

从纸条被拉断的实验又可以引出一些相关的问题:某些包装食品袋不好撕开,可能是因为撕开处的缺口比较圆,在设计生产的时候让缺口变尖些就好撕开了,如图1-11所示。

图 1-11

如果手提袋上出现了裂纹,可以把裂纹的尖端锉圆,或者干脆把整个裂纹挖去,裂纹就不容易扩展了,如图1-12所示。

当然还有其他方法阻止裂纹扩散,不过挖去一些材料反而可以提高承载能力,正是力学的精妙之处。如果你觉得不好理解,可以从古人的智慧中获得启发:对承受拉力的材料而言,裂纹就是"害群之马",除去裂纹,就是除去"害群之马",虽然减少了一些材料,但是总体性能提高了。

这个地方容易开裂　　剪成弧形就安全多了

图 1-12

你看,原来很多事情的道理都是相通的,从玩气球的游戏中也能够领悟到很多生活中的道理呢!

游戏1 "内破外不破"巧扎双层气球

开动脑筋——
气球保护大作战

问题

哪些方法可以让气球被针扎而不会爆？

从前面的内容可以了解到，隔着外面的气球扎破里面的气球是可以完成的任务，那么有哪些方法可以实现这个任务呢？

为了帮助大家顺利完成任务，接下来给各位一些小提示：现在大家应该知道把针扎在外面气球最厚的部位，而扎里面气球最薄的部位，这样外面的气球就不会爆破，而里面的气球则会爆破成碎片。但我们能否人为造出一些"最厚"的部位呢？例如在气球的某处贴上透明胶带，然后用针扎胶带；或者用手把气球的某处收拢在一起，再扎收拢处，如图1-13所示。

图 1-13

025

异想天开的力学游戏

其次,在用针扎气球的时候,除了针的尖锐程度会影响结果外,扎的角度是否也很重要呢?垂直于气球表面扎与沿着气球表面划过,其效果或许会有所不同哟!

要点总结

想要像魔术师一样,在不弄破外面气球的情况下,扎破里面那个气球,我们要做的就是找到外面气球上"最厚"的部分,然后去扎里面气球"最薄"的地方,而一个可以留下圆孔的"针",会对我们顺利完成任务有很大的帮助。

游戏1 "内破外不破"巧扎双层气球

动手实验

好了,"巧扎气球"的办法已经全部传授给你了,接下来就是动手实验的环节了!既然你已经了解了什么是大气压,也知道了如何阻止裂纹扩展,那就利用这些知识来解决问题吧。试试怎么扎气球才能实现魔术效果——外面的气球不爆破而里面的气球爆破!练习好了,你也可以当个小小魔术师,去给同学们表演呢,一定可以收获很多的称赞!

实验目标

把两个气球套在一起充气后绑好,然后用一根铁钉小心地扎充满气的气球,让外面的气球不爆破,而里面的气球爆破。注意气球不要太大或太小,尺寸以吹满气后直径达到20~30厘米为好。可以先用2个气球做试验,成功后再增加气球个数,看看能否实现让1、3层气球不爆破,让2、4层气球爆破。

实验材料

工具:打气筒1个。
材料:气球2个(如果要挑战更高难度,可以多准备几个),20厘米长的细绳1根,铁钉1颗(也可以换成针、牙签或其他尖锐物体)。
注意:使用铁钉时要小心,避免自己被扎伤,而且游戏中的气球都应充得很饱满,假设气球吹爆时为100%的饱满程度,那么游戏中外面的气球至少要充气到80%的程度,这时气球会比较透明并能看到里面的气球。如果气球充气不足,外面的气球就不容易扎爆,也就失去了挑战性。

异想天开的力学游戏

实验步骤

自行设计，写在这里吧！

游戏1 "内破外不破" 巧扎双层气球

实验观察记录

请写在这里!

异想天开的力学游戏

实验结论

请写在这里!

游戏2 "无风自动"的神奇风车

游戏情境

生活中，经常会有很多看起来很神秘的现象，一些缺乏科学常识的人，会把它们当成"灵异现象"。当我们用科学知识武装起头脑，就会发现，原来一切"灵异现象"背后都有它们的科学原理。你觉得房间里的风车为什么能在没有人接触也没有风的情况下转动呢？开动你的小脑袋想一想，试一试，帮小智哥哥揭开风车无风自转的秘密吧！

科学再现

风车转动涉及很多因素,包括空气流动、旋转、摩擦、稳定性等,其中空气流动是揭秘"灵异"风车的关键。小玥妹妹认为,家里的门窗关着,就没有风。真的是这样吗?

风,其实就是空气的流动,我们平时看到的彩旗飘舞,就是空气流动的结果。那么,为什么空气流动会产生风呢?我们一起来看看吧。

1. 加热空气

空气受热后会膨胀变轻,也就是密度变小了。热气球就是利用这一原理升空的。在图2-1中,你可以看到喷火器火焰正在加热气球中的空气。

在自然界中,由于太阳光的照射,地球表面热空气会上升,周围的冷空气就会补充过来,这样空气流动,就形成了风,如图2-2所示。人们可以利用风让帆船在海上航行,或进行风力发电。

利用气体受热膨胀的特点,还可以把踩瘪的乒乓球放在热水中浸泡,膨胀的气体会使乒乓球自动复原,如图2-3所示。

图 2-1

游戏2 "无风自动"的神奇风车

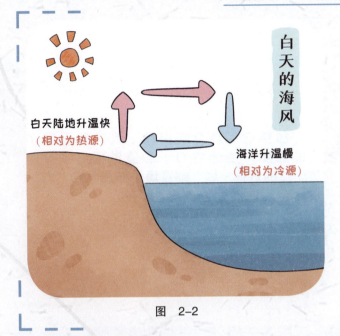

图 2-2

图 2-3

2. 对空气施加作用力

想让空气流动,常用的方法是施加动力,比如摇动扇子、用嘴吹等。不过,如果是通过这种大幅度的动作产生的"风",人们能直接看得到,就不会产生奇怪的联想了,所以我们在"破案"时就先不考虑这种情况了。

有些地方的人巧妙地利用这种空气的流动,让自己在酷热的环境中生活得更舒适。阿拉伯人男性的传统服装就是一身宽大的白色长袍,头上缠着头巾,把自己遮得严严实实的,这样不会更闷热吗?其实阿拉伯地区的气候特点是高温而干燥,如果穿短衣,日光直接照射在皮肤上,人会出汗和晒伤;反而是宽大的长袍,既能抵挡阳光,长袍与人的身体间还有很大的空间,又能使空气有对流的空间,人体在长袍里就不会感觉闷热,如图2-4所示。

异想天开的力学游戏

图 2-4

笔记

加热空气使空气流动,其实是利用了气体膨胀产生的推力,和通过摇扇子等施加动力的方式一样,都是通过施加某种"力"来让空气流动,进而产生风的。

要点总结

世上没有"灵异事件",风车不会无缘无故从静止开始转动,一定有某种力作用在纸片上。而通过了解风的产生,相信你对如何"破案"应该已经有了眉目,接下来再给你两条线索:

(1)观察一下风车转动的方向,判断"风"从哪里来。

(2)顺着"风"来的方向,感受温度的变化。

游戏 2 "无风自动"的神奇风车

科学探索

"密不透风"的房子里，**风从哪里来**

问题

密闭的房间也会有风吗？

大部分人认为密闭的房间内不会有风，但是有少数皮肤敏感的人（比如皮肤娇嫩的小朋友）总会感觉到有丝丝的凉风，但是又不知道风从哪里来。

原理分析

实际上，只要室内外温度不一样，屋子里的空气就会流动，进而产生"风"。例如，冬天我们的房屋朝南的一面因有太阳照射而温度高，朝北的一面温度低，室内空气就自然流动起来，如图2-5所示。如果不想让冬天的屋子里有这种飕飕的凉风，可以在北面窗子那里挂个窗帘来阻断空气在室内的对流。

图 2-5

异想天开的力学游戏

我们回头看看第一个场景,在小智哥哥和小玥妹妹的房子里,为什么门窗紧闭还有"风"呢?仔细找找,可以看到窗户边是有暖气片的——这是北方冬天取暖的装置,里面有不断流动的热水,让暖气片表面的温度能保持在40~60℃。有暖气片这个热源的存在,使得其上方的空气不断受热膨胀,其下方的冷空气补充过来,进而形成源源不断的空气对流,就会有风吹动置物架上方的风车而产生转动,如图2-6所示。

图 2-6

如果我们在屋里逆着风的方向走,可以感受到温度在逐渐地升高,而温度最高的地方,就是风"产生"的地方。

游戏 2 "无风自动"的神奇风车

空调的风应该朝哪儿吹?

生活小常识

根据"冷空气下沉,热空气上升"的原理,夏季空调向上吹更好,当空调向上吹风时,冷空气能够在空间中进行充分流动,让屋子里的温度快速降下来;而冬天空调在制热状态下,产生的热空气要比室内的冷空气轻,若出风口向上,热空气会聚集在房间上面很难向下流动,屋子里升温就慢,所以冬天空调的出风口要向下,如图2-7所示。

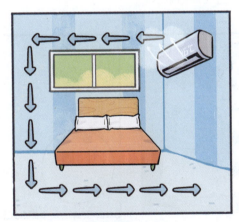

夏季空调向上吹
冷空气下沉

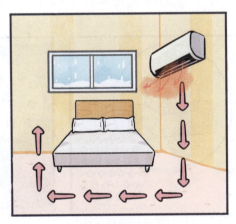

冬季空调向下吹
热空气上升

图 2-7

神奇的热胀冷缩

知识延展

在我们所生活的宏观世界背后，还藏着一个肉眼看不见的微观世界，所有的物体都是由许许多多的分子、原子构成的，它们在不停地运动着。当物体受热后，热量在物体内慢慢传递开来，分子的运动会越来越活跃，分子和分子间的距离也会渐渐变大，于是整个物体就膨胀起来；当物体受冷后，分子运动会越来越慢，它们之间的距离也就渐渐变小，从而造成物体的体积缩小，如图2-8所示。

固体分子间距离　　　液体分子间距离　　　气体分子间距离

图 2-8

游戏2 "无风自动"的神奇风车

但是，并不是所有的物体都热胀冷缩，水就是一个例外。大家都知道，瓶子中的水结冰后（0℃）体积非但不会缩小，反而会增大，如图2-9所示。其实，水不仅仅是在结冰的时候体积会变大，在4℃以下时，它反而会冷胀热缩。因此，4℃时水的密度才是最大的，是不是很神奇呢？你可以动动脑筋，自己设计一个小实验来验证一下。

图 2-9

不过，不管是热胀冷缩还是热缩冷胀，有时候可能都不是好事，它会让汽车爆胎、建筑物变形、地面开裂……造成许许多多的问题。我们在生活中也会发现一些奇怪的现象，比如铁轨、路面、地砖间总会留有空隙，输电线都是松松垮垮的，给自行车轮胎打气时也不能打得太满；还有，没有一瓶饮料会装得满满当当，如图2-10所示。这些可不是因为有人偷工减料，而是为了避免热胀冷缩或者热缩冷胀造成危害。

图 2-10

当然,热胀冷缩也有好的一面,利用这个规律也能帮我们做不少事情。例如,当罐头瓶的盖子拧不开时,可以用热水烫一下盖子,让它受热膨胀,这样就好打开了;而利用水银等液体容易热胀冷缩的特性,人们把它制成温度计,用来测量我们身体或者环境的温度,如图 2-11 所示。

图 2-11

•游戏 2 "无风自动"的神奇风车•

神奇"风"车转呀转

问题 1

不能吹或接触风车,如何使风车转起来?

> 空气流动产生风,我们要想办法让空气流动起来,而且要控制空气流动的方向。

原理分析

首先,要解决动力问题。从前面的内容中可以知道,空气受热不均就会产生对流,所以我们要想办法制造一个热源——蜡烛是一个不错的选择。不过,我们需要让风车横过来,用笔芯或筷子做支撑,让它和桌面保持水平,然后在风车下面放上燃烧的蜡烛,就会看到风车慢慢转了起来,如图 2-12 所示。

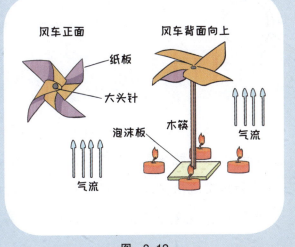

图 2-12

注意

实验中要注意用火安全,小心不要把纸风车点着。做实验的过程中,务必要有大人在旁边陪同。

玩火还是有一定危险性的,同学们想要自己独立完成这个实验的话,也可以想办法找到更安全的"热源",比如人类的体温。当然,由于我们的体温不是很高,想靠它产生的"风"吹动风车还是有点难度的,这就要好好想想实现的方法了。

人体也可以是"风"的来源

知识延展

人体的正常温度是 36~37℃,而周围空气的温度通常要低一些(夏天气温到 30℃以上人就会觉得非常热)。因此,人体就是热源,伸出手,手心附近的空气就会被加热而流动起来。还记得我们前面对"风"的定义吗?只要有空气流动就有"风",只是有时候这种风很微弱,我们不容易感觉到。

游戏 2 "无风自动"的神奇风车

问题 2 如何让风车转得更快更稳？

> 既然我们已经做了一个横版的风车，为何不让这个风车在外形上再突破一下呢？

原理分析

毕竟用手加热的空气流动很微弱，所以要想办法提高效率：一是把手掌收拢，而不是完全伸开，最好只加热装置下方的空气，如图 2-13 所示；二是要在风车形状和结构上多做些研究，如果摩擦力太大或者受风面积太小，微弱的气流就"吹"不动纸片了。

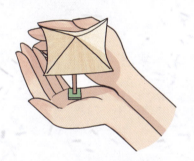

图 2-13

我们可以用头尖底大的比较长的大头针来做转轴，并将其插在一个泡沫板上进行固定，这样不仅摩擦力会很小，而且稳定性也更好，如图 2-14 所示。然后我们要想办法如何更充分地利用风力。风车最好能做成一个不透风的形状，而且必须要做成不对称的样子，让两边受力大小不同（如果形状对称，风车的叶片就会受力均衡，这样就转不起来了）。例如，我们可以把纸片叠成一个偏心的金字塔，如图 2-15 所示。

异想天开的力学游戏

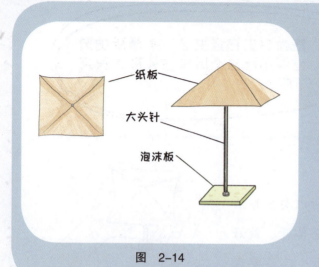

图 2-14

图 2-15

如果折不好偏心的金字塔，也可以在折好金字塔形状后，沿着折线将一个角裁开一点，再将两边的纸片翻翘起来一点，如图 2-16 所示，这样也能解决问题。

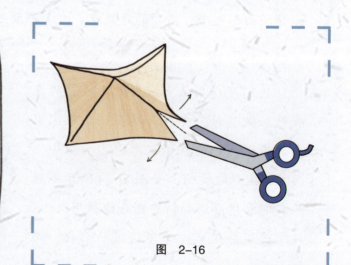

图 2-16

游戏2 "无风自动"的神奇风车

动手实验

到这里,我们已经完全破解了风车"无风自转"的秘密。接下来,就让我们亲手制作一个不用吹、不用触碰就能转动的"神奇"风车吧。

完成后,你还可以增加挑战难度,用这个简易的"空气流动探测器"找找看,屋子里哪些地方有风的存在?

实验目标

在不接触纸片,也不吹气的情况下,让纸片转起来。

注意:这个装置的底座不能离开桌子,所以拿着装置在空中挥舞算是违规;拿着扇子朝装置使劲扇风也是违规的。

实验材料

工具:裁纸刀1把。

材料:正方形纸片1张(5厘米×5厘米)、长短不同的大头针各1枚、木筷1根、小泡沫板1块。

注意:空气流动是一个很复杂的事情,尤其是在风力很小的时候,人的走动、门的开关,甚至开口说话都会干扰风的方向,所以做实验时要保持安静。

异想天开的力学游戏

实验步骤

自行设计，写在这里吧！

游戏 2　"无风自动"的神奇风车

实验观察记录

请写在这里!

异想天开的力学游戏

实验结论

请写在这里!

游戏3 巧绑绳索搭建一个稳定的结构

游戏情境

看小智哥哥愁眉苦脸的样子,我们一起来帮帮他,制作一个可以承重的稳定结构吧。注意,要满足两个基本要求:"结构"和"稳定"。所谓"结构",就是可以承受力的装置;所谓"稳定",是指如果不考虑筷子的变形,则装置的形状在力的作用下不会变化。不过,除了这两点,最难的恐怕就是"不能用绳子把两根筷子的连接处绑起来"这个要求了。想一想,这个难题该怎么解决呢?

异想天开的力学游戏

科学再现

什么样的结构更稳定呢？实验中的绳子、筷子等材料，它们受力后有什么特点，又该如何利用这些特点去实现结构的稳定性？让我们从生活中最常见的三角形稳定性开始逐步了解吧。

在众多的图形中，三角形的稳定性是最好的，因此在生活中这种结构随处可见，衣架、手机支架、梯子、输电塔架、起重机等很多地方都使用了三角形来增加稳定性，如图3-1所示。不过，三角形的承重能力也是有限的，在边与边的相接处，一定要结实牢固，这是受力最大的地方，不然三角形就散架了。

相比于稳定的三角形，四边形则是一个不稳定的"家伙"，一个正方形稍微受力就会"缩"成平行四边形，如图3-2所示。不过这也不完全是坏事，反而在一些领域发挥了大作用。例如，在学校以及各小区门口常见的电动伸缩门就是运用了平行四边形受力易变形的特性，达到压缩空间和释放空间的目的，如图3-3所示。

图 3-1

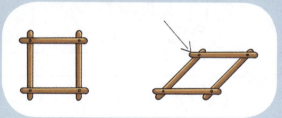

图 3-2

游戏 3　巧绑绳索搭建一个稳定的结构

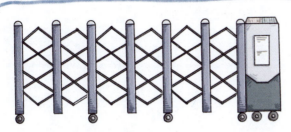

图 3-3

而利用平行四边形在变形中两边保持平行的特点,人们设计出了天平。天平两端的托盘始终与地面平行,即使两端重量不同,托盘里面的物体也不会滚动,如图3-4所示。

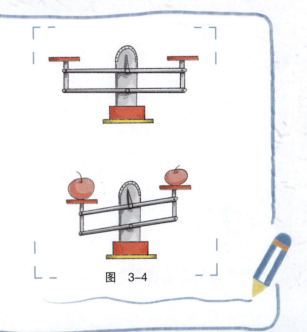

图 3-4

要点总结

　　要制作一个稳定的结构,我们需要从两个方向出发。
　　(1)形状。三角形的稳定性要高于其他几何形状。
　　(2)连接。在筷子相接的地方要连得结实牢固。这一点很难,因为不能用绳子把两根筷子的连接处绑在一起,需要好好想想办法。

异想天开的力学游戏

科学探索

风雨不动安如山的"三角大王"

问题

三角形为什么更稳定?

如果把三角形的一个角拆开,让它的两条边转动起来,会发生什么神奇的事情呢?

三角形在力的作用下不会变形,可以从几何的角度说明:如图3-5所示,在一根筷子上靠近两端的地方用钉子各钉上一根筷子,而钉筷子的地方分别命名为A点、B点,在钉在A点的筷子上取一点为C点,在钉在B点的筷子上取一点为D点。以筷子AB为基础,AC可绕A点运动,C点的运动轨迹就是以A点为圆心、AC为半径的圆弧;同理,BD可绕B点运动,D点的运动轨迹就是以B点为圆心、BD为半径的圆弧。

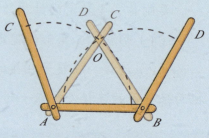

图 3-5

游戏 3　巧绑绳索搭建一个稳定的结构

想要把 AC 和 BD 钉在一起，就需要 C 点和 D 点都运动到 O 的位置，让两个点重叠。这个 O 点也是两个弧形运动轨迹唯一的交点。此时，我们就得到了三角形 ABO。这个三角形已经是一个固定的结构，无论哪一条边想要活动，都会受到另两条边的限制，因为任意两条边都有一个共同的顶点"顶着"。

如果想要让这个三角形变形，只能移动木棍，改变它们交点的位置。如果交点的位置发生改变，就会出现一个边长、角度都截然不同的新三角形。所以，当三角形的边长不变，它就是稳定的。

有3000多年历史的"勾股定理"

知识延展

三角形的神奇性，充满智慧的中国古人早就发现了，并开展了系统的研究。

比如，古人会把弯曲成直角的手臂的上半部分称为"勾"，下半部分称为"股"，手到肩膀画出的那条斜边称为"弦"，并给出了三者的长度关系（勾三股四弦五），这就是著名的"勾股定理"，如图3-6所示。勾股定理最早出现在中国第一本数学著作《周髀算经》中，由西周初期的数学家商高提出，所以人们也把"勾股定理"叫作"商高定理"。几百年后，西方才有类似的研究出现。勾股定理不仅是人类早期发现和证明的重要定理之一,而且据说有400多种证明方法。聪明的你,是否也能试着来证明一下呢?

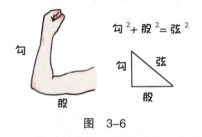

图 3-6

大到水利工程、测量工程,小到日常生活的很多角落,勾股定理都有普遍的应用,如图3-7所示。

图 3-7

●游戏 3　巧绑绳索搭建一个稳定的结构●

挑战不靠绳子捆扎来做出稳定结构!

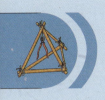

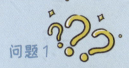

问题 1

如果不绑筷子之间的连接处，能做出稳定的结构吗？若没有绳子该怎么办呢？

我们怎么解决这个问题呢？首先要注意前面的结论：三角形是稳定的结构。所以我们还是要在三角形上做文章，同时要考虑绳子的特点。

分析：绳子有什么特点呢？我们可以在平时司空见惯的现象中获得启发。例如，在图 3-8 中，如果小球悬挂在绳子上已经保持平衡了，那么把绳子换成筷子，对于小球的平衡没有影响。这样我们就得到了一个重要结论：当绳子在作用力下处于绷直状态时，如果把绳子换成筷子，不会影响原来的平衡状态。

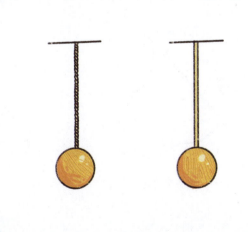

图 3-8

这个结论告诉我们在绳子拉伸绷直时,可以把它替换成筷子。如果把较长的绳子绑在筷子AB的两端,绳子中间不受力,可以任意弯曲,这时自然不能换成筷子,如图3-9所示。

我们把另一根筷子CD如图3-10所示放置,绳子在AD和BD段都绷紧后,则ACD和BCD可以看成两个三角形,从而形成三角结构。它符合问题的要求:两根筷子的接触点C处没有绳子,而绳子打结的A、B、D处分别只有一根筷子。

但是这种结构不太稳定,筷子很容易从接触的点C处滑落,因此需要进行改进。比如我们可以对称地绑好筷子,根据前面的分析,当绳子绷紧后,绳子可以看成筷子,这样就相当于由6根筷子构成了多个三角形,相互牵制,于是就形成了一个很稳定的平面结构,如图3-11所示。

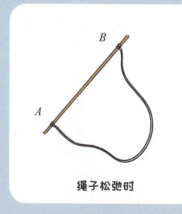

绳子松弛时

图 3-9

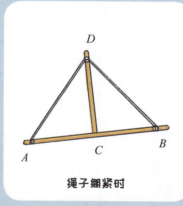

绳子绷紧时

图 3-10

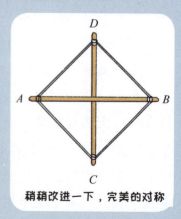

稍稍改进一下,完美的对称

图 3-11

游戏 3　巧绑绳索搭建一个稳定的结构

问题 2

怎么构建出一个稳定的立体结构？

> 我们已经解决了平面上的稳定性，接下来就是构建一个稳定的立体结构，而三角形依然是解题的关键。

分析：用筷子和绳子可绑成"金字塔"形的装置，它由6根筷子组成4个顶点，在每个顶点处均有3根筷子绑在一起，它可以承受重物而不变形，如图3-12所示。

图 3-12

但是要满足"筷子与筷子接触之处不能绑绳子"的限制条件，就需要以之前搭建的平面结构为基础，把第三根筷子 EF 垂直于前面的两根筷子，然后把各筷子的两头用绳子绑起来，这样就能形成一个空间对称的稳定结构了，如图 3-13 所示。如果每根绳子都绷得很紧，这个空间结构可以承受很大的力而不变形。这样，用 3 根筷子和若干绳子就可以做出稳定的空间结构，多余的筷子可以绑在任意位置。

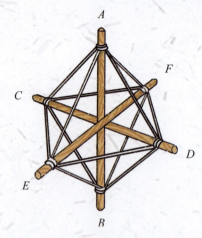

再改进一下，就是稳定的空间结构

图 3-13

中国空间站巧妙的"T"字构型

知识延展

目前我国的空间站是三舱构型，分别是天和核心舱、问天实验舱和梦天实验舱，构成了我国天宫空间站的"T"字基本构型，如图 3-14 所示。这种结构更加稳定，受到的地心引力、大气扰动等影响较为均衡，因此空间站姿态控制所消耗的推进剂等资源较少。

游戏 3 巧绑绳索搭建一个稳定的结构

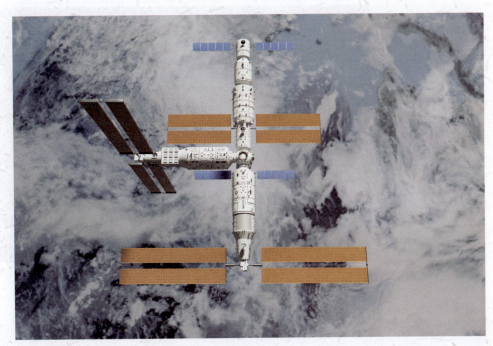

图 3-14

不过,"T"字形不是我国天宫空间站的终极状态,未来它还要加装一个"多功能节点舱"。这个舱段可以对接载人飞船、货运飞船、巡天望远镜、中小型货运飞船乃至其他一些可以停泊在空间站的航天器。届时可能将安装到核心舱前侧节点舱的正向对接口位置,那么空间站组合体构型也将变成"十"字形,结构也就更加稳定了,如图 3-15 所示。

异想天开的力学游戏

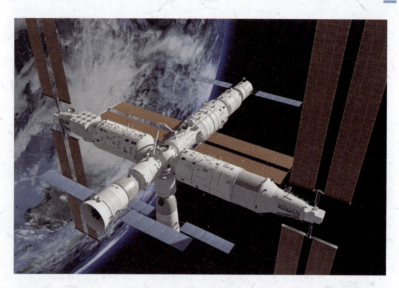

图 3-15

要点总结

总而言之，不论是搭建平面结构还是立体结构，想要稳定，必然要在三角形上下功夫，当每一个组成部分都可以看成是大大小小的三角形的时候，那么整体结构会变得非常稳定。

游戏 3 巧绑绳索搭建一个稳定的结构

动手实验

小智哥哥已经成功完成了挑战,现在轮到你啦!

既然你也掌握了"稳定性"的关键——三角形,接下来就动手验证你所掌握的知识,搭建出一个结实的装置吧!

实验目标

把几根筷子绑在一起搭建一个空间结构,使它可以承受一定的重量。为了让这个游戏更有挑战性,筷子间接触的地方不能绑绳子,在绳子打结的地方只能有一根筷子。

实验材料

工具:剪刀1把。

材料:筷子5根、棉线1束(线绳尽量长一点,可能很多地方要用到)。

注意:虽然这是一个非常安全的实验,但还是要提醒同学们,尽量用钝口、圆头的儿童专用剪刀,以免剪伤或戳伤自己,必要时可以找爸爸妈妈帮忙。

异想天开的力学游戏

实验步骤

自行设计，写在这里吧！

游戏 3　巧绑绳索搭建一个稳定的结构

实验观察记录

请写在这里!

游戏情境

游戏 4 和铜棒棒捉迷藏

两片圆盘形的泡沫塑料中藏有一根铜棒（或其他重物），圆盘边缘用胶带封好。只利用绳子，不拆开圆盘，是否能找出重物相对圆盘的位置和角度？快来一场头脑风暴吧！

异想天开的力学游戏

科学再现

小玥妹妹和小铜棒的捉迷藏游戏,涉及了物体的重心、平衡和稳定性。接下来我们就一起来尝试找出物体的重心,并由此推测出在物体内部,我们眼睛看不到的地方,小铜棒到底藏在哪儿了。

地球上的物体,都会受到地球的吸引,比如苹果受到地球的吸引而砸到了牛顿,地球上的万物由于这种作用才有了"重量",吸引作用属于一种力,在物理学中称为"重力"。

地球上的物体,各个部分都受到重力的作用,并且受到的重力方向都相同,即竖直向下(就像被地上伸出的线拉着一样)。从效果上看,可认为各部分受到的重力集中作用于一点,这个点叫作"重心"(这些线被集中到了一起),即重力的等效作用点,如图 4-1 所示。

竖直向下指向地心

图 4-1

游戏 4　和铜棒棒捉迷藏

当你在重心这一位置悬挂或支撑重物时，物体可以保持静止（即平衡）；如果悬挂或支撑重物的位置不在重心位置，物体就容易处于不稳定的状态。例如，一根铜棒，从它的中点悬挂起来，铜棒可以在水平位置保持静止，铜棒的中点就是它的重心；如果此时悬挂点向旁边移动一点，铜棒就无法维持在水平位置了，它会马上转动起来，直到变成竖直位置才停止，如图4-2所示。

在这里，"稳定"可以理解为：如果受到很小的干扰，物体还能在原平衡位置附近保持平衡或做微小幅度的运动。"不稳定"则意味着，很小的干扰就会使物体远离原来的平衡位置。而这种"不稳定"的存在，可能会带来惨重的后果。

2003年1月8日，美国中西航空5481号班机由于存放于机尾部分的行李过重导致飞机重心偏移，飞机起飞后失去平衡，起飞37秒后就坠毁，全机21人罹难。自此以后，世界各大航空公司对于行李超重采取零容忍的态度，并且不允许乘客随意换座位。

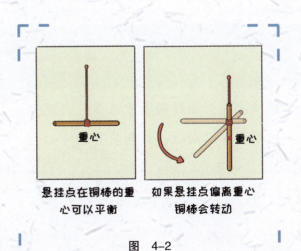

图 4-2

异想天开的力学游戏

从上面的铜棒实验可以看到：重心在悬挂线的延长线上时，物体可以保持平衡。接下来看看下面这根铜棒，同样把线绳绑在铜棒的正中心位置，为什么这根铜棒没有达到平衡，还朝顺时针方向转动呢？相信你已经猜到答案了：这根铜棒的质量是不均匀的，右端更重一点，如图4-3所示。所以，发挥你的想象，推测一下，这根"不均质"的物体顺时针转动后会在什么位置静止呢？

对的，铜棒还是会转到竖直的位置才静止下来，这样它的重心才会继续在悬挂线的延长线上，并且重心在悬挂点的下方。同样的道理，泡沫塑料的圆盘是均质物体，可是里面藏了一根小铜棒后，整个装置就变成了不均质的物体，用同样的方法就可以找出它的重心。

图 4-3

要点总结

圆盘的重心本应该是它的圆心，可是由于铜棒比泡沫塑料圆盘重很多，因此整个装置的重心并不在圆盘的圆心上，而是位于铜棒的重心附近，找到装置的重心，也就找到铜棒的重心了，接下来就可以判断它的位置和姿势。

这个过程可以分为两个步骤处理：

（1）找出整体的重心位置。

（2）找出铜棒相对圆盘的角度。

游戏 4　和铜棒棒捉迷藏

找呀、找呀，找重心！

问题 1

如何找到重心的准确位置？

将一根铜棒通过它的中点悬挂起来，铜棒可以在水平位置保持静止；但如果在其他位置把铜棒悬挂起来，铜棒马上会从水平位置开始转动，直到变为竖直位置为止。这就是"悬挂法"。

前面已经讲到，当重心在悬挂线的延长线上时，物体可以达到平衡。所以根据重心的特点，用细绳把圆盘挂起来，重心一定在悬挂线的延长线上。换个位置再重复一次，画出两条延长线，它们的交点就是重心位置，如图 4-4 所示。

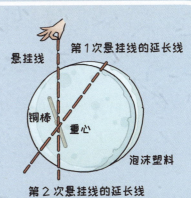

利用悬挂法找重心

图 4-4

也可以采用摩擦的方法找重心：用两个手指轻轻压着圆盘，让圆盘的平面垂直于地面，如果手指压的位置不是圆盘的重心位置，圆盘就会转起来，比较重的圆盘部分会转到手指接触点的下方；这时稍微向"下方"挪动手指位置，一直到圆盘不转动为止，此时手指的位置就是圆盘重心的位置了，如图4-5所示。这个方法虽然不错，但是误差会比"悬挂法"大些。

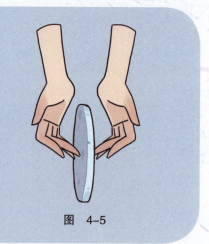

图 4-5

问题2

怎么确定小铜棒在泡沫塑料圆盘里的姿势？

找角度的方法与平衡时的稳定性有关，物体的稳定性与其形状有关。

首先，我们来看物体形状对其稳定性的影响。假设物体放在平面上，如果物体的底部是平面，则底面积越大越稳定。如图4-6所示，同一根铅笔，想要用铅笔尖立在桌子上几乎不可能，而用没有削尖的那头，稍微小心点铅笔就可以稳稳地立在桌面上了。

图 4-6

游戏 4　和铜棒棒捉迷藏

如果物体的底部是某种曲面,则重心越低越稳定,当然,这种"稳定"只是相对而言。比如马戏表演里负责"踩球"的动物,一般都是个子矮重心低的老虎、狗等,如果非要让高个子的长颈鹿去踩球,如图 4-7 所示,那才是强"鹿"所难呢。

了解了这个,下面我们来看一个简单的现象:在一个质量均匀的圆盘上加一个重物,并把它固定住,使重心偏离圆心,再立起来放在水平地面上(回忆一下我们前面做过的利用摩擦力找圆盘重心的小实验),先猜一猜,当圆盘的重心和圆心处于不同位置时,会发生什么呢?

好,接下来看看你想到的结果和下面一样吗?

如果圆盘的重心不在通过圆心的垂线上,圆盘就会转起来,不平衡,如图 4-8 所示。

图　4-7

图　4-8

如果重心正好位于圆心的上方，圆盘就可以达到平衡状态了，但是不稳定，一有风吹草动，圆盘就会转动起来，如图4-9所示。

如果重心在圆心的下方，圆盘就会处于平衡状态并且很稳定，如图4-10所示。

图 4-9

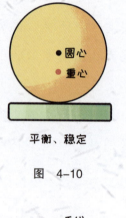

图 4-10

了解了这些知识后，我们再来看藏着小铜棒的圆盘。把圆盘立着放在地面上，如果重心不在过圆心的垂线上，圆盘就会滚动起来，由于空气阻力和地面摩擦力，圆盘最终会停止运动。这时圆盘的重心只会在圆心的下方，也就是说小铜棒就藏在过重心的水平线上，如图4-11所示。是不是很简单？

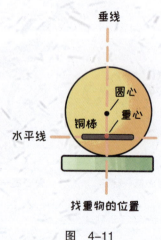

图 4-11

游戏 4 和铜棒棒捉迷藏

提示：这么顺利就找到小铜棒的准确姿势是有一定巧合的，因为只有铜棒的中垂线过圆盘的圆心时，小铜棒才能在装置平衡时乖乖地待在过重心的水平线上。如果圆心与小铜棒重心的连线不垂直于铜棒，如图 4-12 所示，那么利用刚才讲的方法，就不好找出小铜棒的准确姿势，因此需要多操作几次。当然，装置的重心还是能用两次悬挂法找到的。

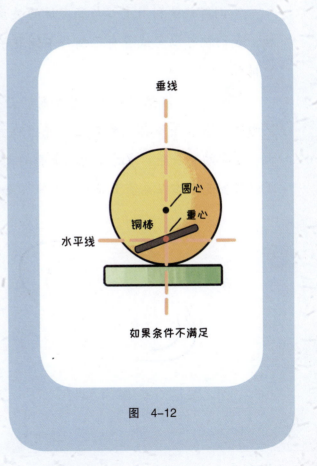

图 4-12

异想天开的力学游戏

鸡蛋壳垃圾变废为宝——制作不倒翁

生活小常识

不倒翁就是利用重心与稳定性的关系来制作的。在学习了这个原理后，我们就可以尝试着自己制作不倒翁了，而鸡蛋壳就是一种非常适合的材料。

第一步：在妈妈做饭打鸡蛋时，让她在鸡蛋的尖头那里磕出一个小孔，然后把里面的蛋黄和蛋清都倒到碗里，并将鸡蛋壳里面冲洗干净，这样我们就得到了一个干干净净的鸡蛋壳。此时由于鸡蛋壳的大头位置是一个曲面，鸡蛋壳的重心位置高，所以鸡蛋壳很难在桌子上竖直立起来，如图4-13所示。

图 4-13

游戏 4 和铜棒棒捉迷藏

第二步：向鸡蛋壳内加些小钢珠（或其他重物），让其总体重心下降；再加些胶水，或把熔化的蜡烛倒进去（这一步可以让爸爸妈妈帮你操作），让小钢珠与鸡蛋壳固定住，这时鸡蛋壳就能在桌子上竖直立住了，如图 4-14 所示。你把它放倒，它还会自己恢复直立呢。

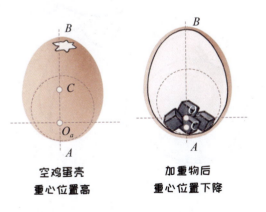

空鸡蛋壳　　　　加重物后
重心位置高　　　重心位置下降

图 4-14

第三步：在鸡蛋壳上画上自己喜欢的漫画或卡通人物，还可以做一个纸帽子把缺口盖住，这样你的不倒翁就更加漂亮了，如图 4-15 所示。

鸡蛋壳不倒翁

图 4-15

要点总结

找到小铜棒的位置,只需简单的两步:首先,采用悬挂法或者摩擦法得到小铜棒与两片泡沫塑料组成装置的重心,如图 4-16 所示;然后,再通过观察圆盘在地面上的运动,就能确定铜棒的角度了。

图 4-16

游戏4 和铜棒棒捉迷藏

动手实验

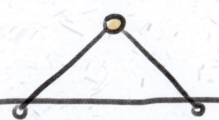

看似非常简单的一个游戏,里面竟然蕴含了这么多道理,相信你从中学到了很多,已经有足够的信心找出小铜棒的位置了,那就快去行动吧!不要让小铜棒等你太久哦。

实验目标

让爸爸妈妈或者其他同学在两片圆盘形的泡沫塑料中藏一个重的东西,可以是螺母、小石头或者小铁球,并将圆盘边缘用胶带封好。接下来就该你大显身手,找出重物的位置啦。

实验材料

工具:直尺1把。

材料:细绳1根、铅笔1支,1个小尺寸的重物(尽量不用尺寸长的铜棒或棍子,因为重物越长,实验难度越高)。

注意:别人准备的时候自己不要去偷看哦。找到重物的位置后,可以用铅笔做好记号,再去揭晓答案。每次使用时,可以在圆盘上贴一张纸,这样记录重物的位置时圆盘表面就不会被画得乱七八糟了。

异想天开的力学游戏

实验步骤

自行设计，写在这里吧！

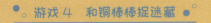 游戏 4 和铜棒棒捉迷藏

实验观察记录

请写在这里!

异想天开的力学游戏

实验结论

请写在这里!

游戏 5 巧找平衡救水杯

游戏情境

有没有什么办法,可以调整下边那个杯子的位置,让上边的杯子也能维持平衡,使水不洒出来呢?赶快化身平衡大师,帮助两个岌岌可危的水杯脱离困境吧!

悄悄告诉你,如果移动一个水杯无法解决问题的话,另外一个水杯也是可以移动的。但是不允许把水杯用工具固定在木板上,也不能让水杯接触到外面的立方体箱子哦。

异想天开的力学游戏

科学再现

要想帮助两个水杯解决麻烦,就要先了解力的平衡,同时还要注意橡皮筋的变形与作用力之间的关系。如图5-1所示,就是需要大家实际操作的情境。同学们在调试水杯平衡时,也要考虑操作方法。

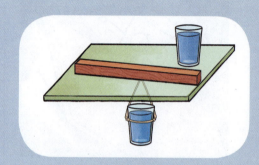

图 5-1

　　解决复杂的问题,需要了解的知识也会更多。在本书前面的故事里,我们介绍了伟大的科学家牛顿——他发现了重力的存在,总结了万有引力定律,开始了对"力"的系统研究,并总结出三个关于力的基本规律——牛顿运动定律。
　　不过鉴于有的同学还没有学过这些知识,所以我们在这里先简单介绍解决问题需要用到的牛顿第三定律:相互作用的两个物体之间的作用力和反作用力总是大小相等,方向相反,作用在同一条直线上。

游戏 5　巧找平衡救水杯

这很好理解，生活中有很多常见的体现牛顿第三定律的例子，比如：桨向后划水，水向前推桨，如图 5-2 所示；喷气式飞机向后喷出高温、高压的气体，空气向前推动飞机；你用力推墙，会感觉墙也在用力推你，如图 5-3 所示……这些例子中体现的两种力都是大小相等、方向相反的。

图 5-2

图 5-3

一般来说，物体想要保持静止，要么不受力，要么受力平衡。而在本游戏开头的故事情境里，木板上面的水杯明显受到多个力的作用，所以如果要让它保持平衡，或者说静止，就要让其受到的力达到平衡状态。

异想天开的力学游戏

从前面图片中我们可以看到，木板上方的水杯受到重力、木板的摩擦力与支持力的作用。其中，木板的支持力和摩擦力与橡皮筋的伸长量息息相关，同时橡皮筋的伸长量又和两个水杯的位置有密切关系，如图5-4所示。

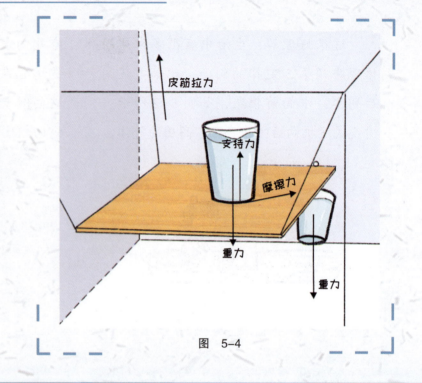

图 5-4

要点总结

水杯、橡皮筋和木板，三方构成了一个较为复杂的受力系统，要让木板上的水杯保持平衡，需要：

（1）了解并保持力的平衡。

（2）学会估算橡皮筋伸长量与自身长度的关系。

（3）学习怎么更巧妙地悬挂水杯。

游戏 5　巧找平衡救水杯

科学探索

在线等！本"杯"该挂在哪里？

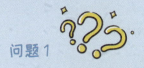

问题1

水杯该挂在哪里呢？

原理分析

问题的关键是木板由长度不同的橡皮筋悬挂着，因此木板的倾斜程度与水杯A放置的位置有关系。可以想象，如果把水杯A随意放置，那么水杯B肯定是会倾斜的，如图5-5所示。

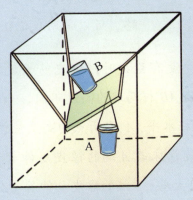

水杯随意放置

图　5-5

原理分析

我们可以通过下面简化的实验来说明问题的实质：AB杆由两根长度不同的橡皮筋悬挂着，平衡时处于倾斜状态，如图5-6所示，作用力应该加在什么位置才能让AB杆保持水平？

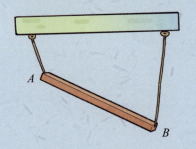

未施力时 AB 杆倾斜

图 5-6

这里，将橡皮筋从3根变为2根，平板变为直杆，让问题得到了简化，但是没有改变问题的实质。这种简化分析的方法是一种解决问题较好的思路，可以帮助我们快速找出问题的关键。

没有施力时，橡皮筋长度的不同导致AB杆两端的高度不同，如果希望AB杆水平，A、B两点的高度应该一样，这就意味着A端的橡皮筋伸长量（变形）大些，B端的橡皮筋伸长量（变形）要小些。由于橡皮筋的伸长量与受力有关，即A端受的力大而B端受的力小。现在把AB杆看成是杠杆，作用力的位置C看作支点，根据杠杆原理（杠杆保持平衡时，作用在杠杆上的两个力，大小与它们到支点的距离成反比），C点应该靠近A点（AB杆质量忽略不计），具体距离与A点、B点受力大小有关，如图5-7所示。

游戏 5　巧找平衡救水杯

对于 3 根橡皮筋的情况，原理相同。因此初步的结论就是：要把水杯放在靠近原始长度最短的橡皮筋附近，具体位置要通过试验来不断调整，达到如图 5-8 所示的理想情况。

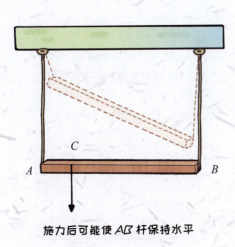

施力后可能使 AB 杆保持水平

图 5-7

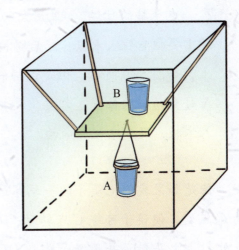

在理想的状况下

图 5-8

异想天开的力学游戏

问题 2

怎么调整水杯所挂的地方更方便？

> 在调整水杯时，水杯放在什么位置、水杯中放多少水都对最后结果有影响，因此需要想一些巧妙的办法来解决。

原理分析

在悬挂的时候，如果用大头针做挂钩，就需要把它钉入木板，然后再把水杯 A 挂上，如图 5-9 所示。但是这样的话，水杯 A 每变动一次位置，都要重新把大头针钉入木板，还是比较麻烦的。

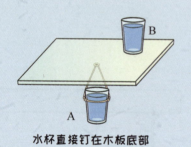

水杯直接钉在木板底部

图 5-9

但是如果我们把筷子的一端穿过大头针钉在木板的 C 点处，使筷子可绕 C 点转动；在木板的 D 点、E 点处钉上大头针，并用绳子绑在 DE 之间；然后把水杯 A 悬挂在筷子的 F 处，各点的位置如图 5-10 所示。这样筷子可以在一定范围内贴着木板转动，而悬挂的水杯 A 又可以在筷子上来回移动，此时水杯 A 就可以很方便地定位在需要的位置上。

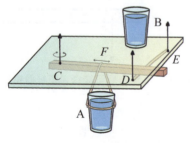

水杯 A 可调整位置方案

图 5-10

游戏 5 巧找平衡救水杯

短更短、长更长

橡皮筋的长度变化如何确定?

不但橡皮筋的原始长度对木板的平衡有影响,其受力后的长度变化,也会对木板的平衡有影响。找一根橡皮筋,像小智哥哥那样,动手抻一抻,如图 5-11 所示,感受一下它的弹性和变化,再按照下面的实验方法,亲手测一测吧。

图 5-11

原理分析

首先我们来思考一个问题：如果长度为 L 的橡皮筋挂上一满杯水后伸长量为 Δ，如图 5-12 所示，问长度为 $2L$（材料、横截面都相同）的橡皮筋挂上一满杯水后的伸长量为多少。

图 5-12

答案可能会颠覆你的认知。长度为 $2L$ 的橡皮筋伸长量为 2Δ，如图 5-13 所示。有人凭直觉认为橡皮筋的伸长量只与重量有关，因此认为长度为 $2L$ 的橡皮筋伸长量仍为 Δ，但是实际上橡皮筋受力后的伸长量还与其长度有关。

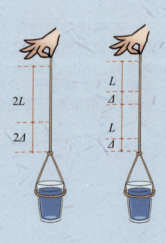

图 5-13

游戏 5　巧找平衡救水杯

把长度为 $2L$ 的橡皮筋看成是 2 根长度为 L 的橡皮筋上下连接在一起，下半截的橡皮筋就会产生伸长量 Δ，分析方法与上文相同。把下半截皮筋和水杯看作一个整体，这个整体对上半截皮筋产生的拉力也等于一杯水的重力（皮筋很轻可以不计重力），因此上半截皮筋也会伸长 Δ，合在一起总伸长量就是 2Δ，如图 5-14 所示。

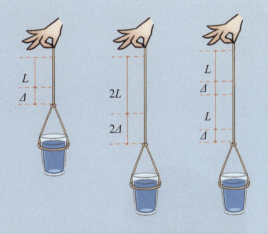

橡皮筋长度不同导致伸长量不同

图　5-14

用一句话总结上面的内容，就是：同样的拉力下，更长的橡皮筋变形会更大些。

异想天开的力学游戏

要点总结

学习完上述内容,相信你对如何帮助水杯脱离困境已经胸有成竹了吧。为了让你的营救行动更加顺利,接下来再梳理一下行动要点:

(1)移动木板上面的水杯,让它离短的橡皮筋更近一点。

(2)设计一个可以让木板下面的水杯能够灵活调整悬挂位置的装置。

(3)保持耐心,一点点地移动水杯的位置,小心不要让水洒出来。

像小智哥哥那样慢慢地操作吧,如图 5-15 所示。

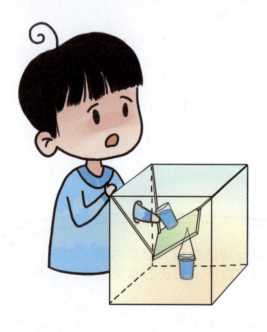

图 5-15

游戏 5 巧找平衡救水杯

动手实验

本游戏具有较高的难度，但是游戏操作后带来的收获也是很多的。我们能在这个过程中了解力的平衡、橡皮筋伸长量与自身长度的关系，学会快速近似估值的方法，掌握调整悬挂水杯的策略……为了降低难度，初始装置的制作建议你可以求助爸爸妈妈。

实验目标

一块木板（或硬纸板）用橡皮筋悬挂在立方体箱子（可以是纸箱或木箱）内部。在没有其他物体（载荷）时，3根橡皮筋的长度基本上满足 1 : 2 : 3。允许把一个水杯 A 悬挂在木板下面的任意位置，但不能接触立方体箱子；把另一个水杯 B 放在木板上面的任意位置，但不能固定在木板上，也不能接触立方体箱子。

两个水杯中的水量自行控制，目标是让木板上面的水杯中的水尽可能多。如果太难操作可把水量减少一点。

实验材料

工具：钳子 1 把。

材料：细线 30 厘米、水杯 2 个、大头针 10 个、橡皮筋 6～12 根、1 桶水。

注意：立方体箱子最好提前准备，可以用木筷或竹筷制作一个立方体框架，边长约为 2 根筷子的长度；也可以用尺寸适当的纸箱代替。立方体箱子内的木板边长约为 1 根筷子的长度。如果想简单一点，可以找一个凳子倒过来放置，4 条凳子腿朝上，然后利用其中的 3 条凳子腿固定橡皮筋和小木板。

 异想天开的力学游戏

实验步骤

自行设计，写在这里吧！

游戏 5　巧找平衡救水杯

实验观察记录

请写在这里！

异想天开的力学游戏

实验结论

请写在这里!

 游戏情境

游戏 6 帮助"倒霉蛋"高处逃生

帮助"倒霉蛋"逃脱变成水煮蛋的命运吧!一定会有逃生的办法,小朋友自己动手试一试吧!

异想天开的力学游戏

科学再现

小朋友先来看看,科学家在面临类似但是难度更高的挑战时,是如何做的。

2021年5月15日,我国"天问一号"火星探测器在火星软着陆成功,它自主完成了难度非常大的"惊魂9分钟":首先,借助火星大气进行气动减速,克服超高速摩擦产生的高温、气动带来的姿态偏差等挑战,将约20000千米/小时的下降速度减掉90%左右;紧接着,"天问一号"打开降落伞,进行伞系减速,当速度降至100米/秒时再通过反推发动机减速,进入动力减速阶段。在距离火星表面100米时,"天问一号"进入悬停阶段,精准避障、缓速下降后,着陆巡视器在缓冲机构和气囊的保护下稳稳降落在火星表面,如图6-1所示。

可以看到,为了保护探测器安全降落火星,科学家借助了火星大气的阻力,使用了降落伞、反推发动机等,都是为了给探测器"减速"。此外,在落地时,他们还采用了"缓冲机构和气囊"。

游戏 6　帮助"倒霉蛋"高处逃生

图 6-1

要点总结

小朋友在模仿科学家保护"天问一号"的方法来保护鸡蛋时,有两个关键点要考虑:

(1)减速,降低鸡蛋落地时的速度。

(2)使用缓冲机构(加保护),在碰到地面时保护好鸡蛋。

异想天开的力学游戏

探索能量转换的秘密——
帮助"倒霉蛋"减速

问题1

为什么要给鸡蛋"降速度"和"加保护"呢?

这就涉及了能量转换、碰撞、受力分析、结构强度等科学原理。

原理分析

传说苹果砸在牛顿头上……这个故事小朋友可能已经听过 1 万遍了,那我们直接说结论:鸡蛋落地和苹果落地的原因是一样的——万有引力。万有引力最重要的是"万有"两个字,苹果和地球之间有引力,所以苹果会从空中掉向地面。地球附近的所有物体,和苹果一样,都受到地球的吸引力,这种由于地球的吸引而受到的力叫作重力。

游戏 6 帮助"倒霉蛋"高处逃生

物体运动和力有关。用手捏着苹果,这时苹果受到地球的重力和手的拉力,两种力一样大,达到平衡,苹果就处于静止状态,如图 6-2 所示。

这时如果松开手,向上的拉力没有了,只有向下的重力和向上的空气阻力,但空气阻力极小,可以忽略不计,如图 6-3 所示。苹果就会落向地面,砸在牛顿的头上。

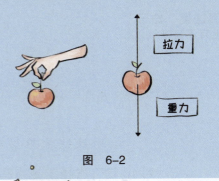

图 6-2

图 6-3

问题 2

鸡蛋从高处掉落的过程中,发生了什么?

首先要说说功。物理学的功是指力与移动距离的乘积。

这么说有点抽象,那有请很多的鸡蛋配合小玥妹妹一起来演示一下吧!

图 6-4

小玥妹妹把鸡蛋从1楼搬到10楼,消耗了她身体的能量,就是在做"功",如图6-4所示。

其中从1楼到10楼的高度就是鸡蛋移动的距离,而小玥妹妹搬动鸡蛋所用的力,与这个距离的乘积,就是功。

游戏 6　帮助"倒霉蛋"高处逃生

鸡蛋把获得的这些能量"储存"到它的高度之中了。当鸡蛋从高处下落,鸡蛋所处的高度不断下降,这些能量转换到哪里了呢?

转换到它的速度中去了。

注意

鸡蛋下降的速度并不是恒定的,鸡蛋不断下降,速度会不断增加。

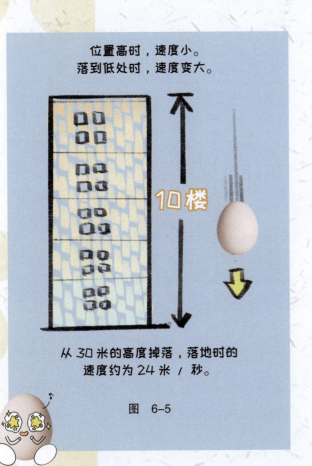

位置高时,速度小。
落到低处时,速度变大。

从 30 米的高度掉落,落地时的速度约为 24 米/秒。

图 6-5

因此,从 1 楼高度落下的鸡蛋和从 10 楼高度(约 30 米)落下的鸡蛋,在落地时的速度是不同的,如图 6-5 所示。重力对自由下落的物体产生的加速度,就是重力加速度。

鸡蛋受到重力,且被举起一定的高度而具有的能量属于"重力势能",如图 6-6 所示;鸡蛋下落过程中,鸡蛋由于运动而具有的能量属于"动能",如图 6-7 所示。在鸡蛋的下落过程中,动能和重力势能是相互转换的。

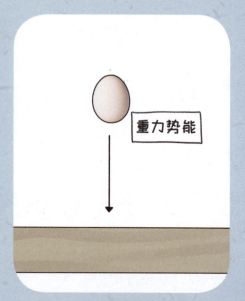

图 6-6

图 6-7

当鸡蛋下落之初,速度还很慢,动能小。但它身处高位,重力势能大。它离地面有 30 米高度,也就拥有向下掉落 30 米的趋势。

当鸡蛋下落一阵后,高度已经降低,重力势能就变小了。但是它此时的运动速度非常快,动能就变大了。

游戏 6　帮助"倒霉蛋"高处逃生

当鸡蛋落地的时候，速度达到了最大值。于是……

撞击地面，鸡蛋不得不停止了运动，它的最终速度要归零，动能也就没有了。但是宇宙间的能量是守恒的，消失的动能会转化为其他能量——你会听到一声"巨响"，会看到鸡蛋破碎、地面出现一个"大坑"，这些都是鸡蛋能量的最终归宿，鸡蛋的能量变成了声能、变形能，如图6-8所示。

声能：声音实际上是物体振动产生的波，是一种机械能。因此鸡蛋撞击时的能量释放带来的振动，就产生了声能，相应地就消耗了一部分动能。

变形能：有弹性的物质受到外力时，外力的功以能量的形式储存在弹性物质的内部，就是变形能。鸡蛋破碎、地面变形都会吸收能量。

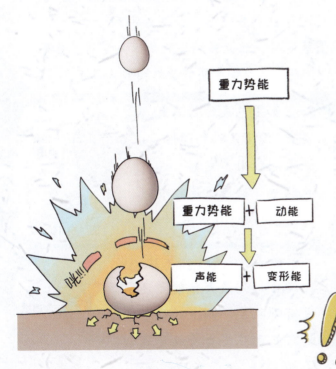

图 6-8

因此，要让鸡蛋不破碎，就要让鸡蛋"储存"的能量转换到其他物体上。

要点总结

能量转换的方法:

1. 让鸡蛋减速,比如利用降落伞、气球增加空气阻力。鸡蛋在下落过程中,重力势能转化为内能"储存"到降落伞和气球中,使鸡蛋减速,如图6-9所示。

2. 给鸡蛋加上各种"防护服",使鸡蛋落地时,让包裹鸡蛋的物体先变形,鸡蛋中的动能转换到包裹鸡蛋的物体上的变形能,避免让鸡蛋中的能量转换到鸡蛋壳上。

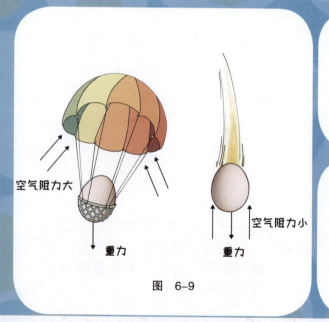

图 6-9

如果包裹的物质太坚硬,没有足够的弹性,就无法利用"变形"吸收能量,鸡蛋还是会破碎,如图6-10所示。

图 6-10

如果包裹的物质太软,已经变形到最大但能量还没有吸收完,剩下的能量就只能由鸡蛋自身的变形(破碎)来承受了,如图6-11所示。

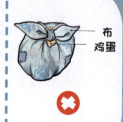

图 6-11

游戏6 帮助"倒霉蛋"高处逃生

所以最好是"软硬兼施",外部用坚硬的材料,里面垫上柔软且有弹性的材料,这样才能给鸡蛋最大的保护,如图6-12所示。

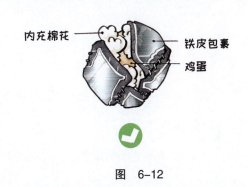

图 6-12

所以,无论是"降速度"还是"加保护",都可以从能量转换的角度考虑它的科学道理,并设计具体的解决方案。但是,由于材料限制,我们很难做出面积很大的降落伞,也不方便使用太多气球。因此,减速这一方案不会有太好的效果。实际上,在火星探测器着陆过程中,由于火星大气密度远低于地球大气的密度,所以它的"伞降"也只是众多降速方案的组成部分。

异想天开的力学游戏

撞不坏的秘诀——
制作神奇"护身服"

原理分析

要想在高速撞击地面的情况下保护好鸡蛋,除了考虑能量转换,还要考虑受力。

主要有两个因素:一是受力的时间;二是受力的面积。

(1)受力的时间

碰撞时,接触的时间越长,碰撞的作用力就越小;接触的时间越短,碰撞的作用力就越大。

小朋友生活中一定有如下切身感受:如果我们出拳打在墙上,硬邦邦的墙基本不变形,手和墙的接触时间短,手就会非常疼,如图6-13所示。而如果在墙面上放个海绵垫,再用同样大的力气打一拳,软绵绵的海绵垫会产生很大的变形,这样就增加了海绵垫与拳头的接触时间,拳头就不会觉得很疼,如图6-14所示。

游戏6 帮助"倒霉蛋"高处逃生

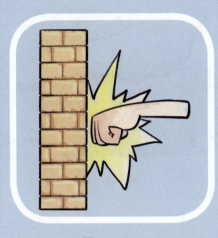

图 6-13

图 6-14

（2）受力的面积

小朋友一定好奇，用力握住鸡蛋，为什么想把它捏碎这么不容易？

这是由于手握鸡蛋时，手和鸡蛋的接触面积大，力会均匀地传递到鸡蛋壳的各个位置，那么鸡蛋壳上单个位置上就分散地承受力了，鸡蛋不容易破碎，如图6-15所示；但是，如果把鸡蛋在桌子上轻轻一挤压，鸡蛋就很容易破碎，如图6-16所示，因为只有鸡蛋壳和桌面接触的那小小一点面积承受了你全部的力。

异想天开的力学游戏

受力面积大,鸡蛋不容易破碎。

图 6-15

受力面积小,鸡蛋容易破碎。

图 6-16

注意

  这个对比实验,建议小朋友在帮妈妈做饭打鸡蛋时再实践,打碎的鸡蛋可以直接炒着吃,否则,你就会有机会感受到妈妈愤怒的拳头打在你柔软的屁股上。

  根据我们前面学过的知识,屁股上的肉很柔软会变形,增加了碰撞的接触时间,因此妈妈的手不会觉得太疼吧?

游戏 6　帮助"倒霉蛋"高处逃生

要点总结

对单个鸡蛋的保护物体既不能太硬,也不能太软,最好是里面软、外面硬,如图 6-17 所示,就像我们戴的头盔一样。而且还要考虑让接触面均匀分布到整个鸡蛋上,且延长受力时间。

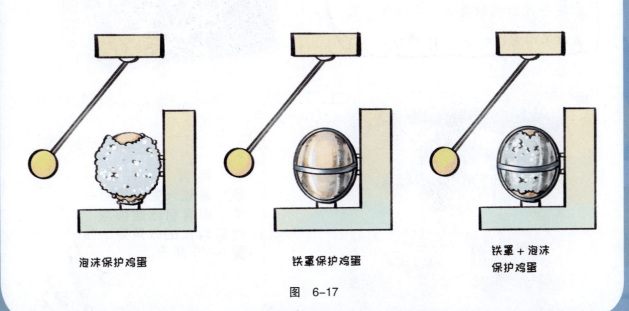

泡沫保护鸡蛋　　　　铁罩保护鸡蛋　　　　铁罩 + 泡沫保护鸡蛋

图 6-17

基于上面的原理，鸡蛋的保护装置还可以有很多创意的设计。

一个好的建议是让保护装置有一些向外伸出的触角，把鸡蛋放在保护装置的内部，主要能量就可以靠这些伸出的触角变形来吸收。装置效果示意图如图 6-18 所示。

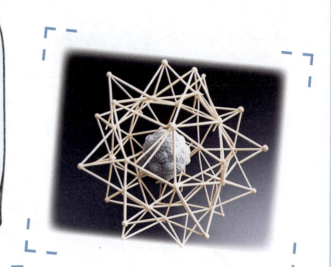

图 6-18

图 6-19

其实，"天问一号"着陆火星的最后一步，依靠着陆腿缓冲，也有类似的效果呢，如图 6-19 所示。

游戏 6　帮助"倒霉蛋"高处逃生

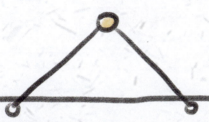

好！现在小朋友知道如何保护"倒霉蛋"逃生了吧？接下来就是动手实验的环节了。既然你已经掌握了"倒霉蛋"高处逃生术，能不能亲自动手设计一套保护装置保护"倒霉蛋"呢？

实验目标

设计制作一种保护装置，找一个有高度的地方（如桌子、球台、窗台等），让鸡蛋掉下来。

实验材料

工具：无。
材料：鸡蛋、旧衣服、旧毛巾、海绵泡沫、胶带、气球、铁丝、报纸，以及其他你想要试一试的东西。
注意：本实验存在失败风险，要跟妈妈商量好再决定鸡蛋的数量。

异想天开的力学游戏

实验步骤

自行设计，写在这里吧！

游戏 6　帮助"倒霉蛋"高处逃生

实验观察记录

请写在这里！

异想天开的力学游戏

实验结论

请写在这里!

游戏 7 巧运水"救火"

游戏情境

如何把水桶从斜面顶部平稳地运到底部并确保水不洒出来？小朋友，你有什么好办法吗？快来帮帮它们吧。

异想天开的力学游戏

科学再现

想要解决这个问题，需要运用到我们生活中的很多经验，比如滑滑梯、推箱子、滚铁圈……你知道吗？这些生活中常做的小游戏，里面还包含着很厉害的物理知识呢！我们一起来了解一下吧。

滑梯是游乐场常见的娱乐设施，滑滑梯的技巧对解决今天的问题有很大的帮助。例如，滑梯的角度都是精心设计的，你坐在滑梯上从斜面上滑下来会发现：斜面角度越小，你就滑得越慢，甚至会停留在斜面上，如图7-1所示。

图 7-1

游戏7 巧运水"救火"

如果斜面角度大,你可以顺利滑下来,而且斜面角度越大滑得越快,如图7-2所示。但是,不建议小朋友们去玩斜面角度太大的滑梯,因为滑得太快容易受伤。

图 7-2

斜面角度对滑滑梯的影响涉及一个神奇的力——摩擦力。这是一种因为摩擦而产生的力,当两个相互接触并挤压的物体发生相对运动或具有相对运动趋势时,就会在接触面上产生阻碍相对运动或相对运动趋势的力,这种力叫作摩擦力,如图7-3所示。摩擦力的大小与两个物体之间接触面的粗糙程度和压力大小有关。

图 7-3

因此，滑梯的表面一般都涂有特殊的润滑材料来减小与人体之间的摩擦力。当小朋友坐在滑梯上时，滑梯的表面与身体之间的摩擦力很小，才能顺利地滑下来。

根据两个物体有没有产生相对运动，以及运动方式的不同，摩擦力又分为静摩擦力、滑动摩擦力、滚动摩擦力三种。当两个物体接触时，若它们保持相对静止，那么它们之间有可能存在静摩擦力。

比如在斜坡上放置一个箱子，箱子静止，没有滑下来，阻碍它下滑的力，就是斜面产生的静摩擦力，如图7-4所示。

当箱子滑下来时，受到的就是滑动摩擦力，如图7-5所示。

滚下来的……哦，箱子很难滚动起来，那我们换成一个木桶，它受到的力就是滚动摩擦力，如图7-6所示。

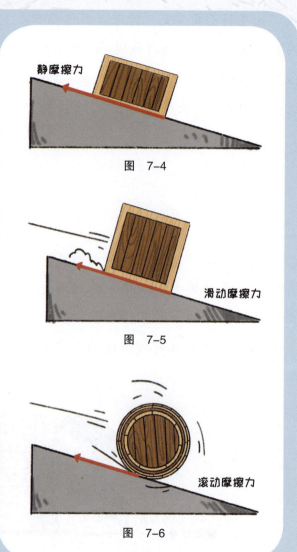

图 7-4

图 7-5

图 7-6

游戏7 巧运水"救火"

最大静摩擦力是一个分界线：当外力小于或者等于最大静摩擦力时，物体与接触面相对静止；当外力大于最大静摩擦力时，物体将发生相对运动。为了方便计算，可以认为最大静摩擦力近似等于滑动摩擦力，而滚动摩擦力在相同条件下通常要小于滑动摩擦力。

在实验过程中，为了运行平稳，通常会让装置的斜面倾角尽量小一点，可是斜面倾角太小的话，水桶可能就滑不下来，或者滑得特别慢。因此，在设计斜面的时候，也要考虑如何兼顾"平稳"和"可以滑动"，如图7-7所示。

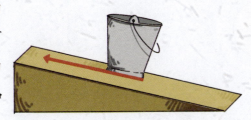

图 7-7

要点总结

在巧运水"救火"的过程中，我们不仅要考虑让水桶平稳落地，还要考虑它是否能自行滑动，因此不能仅仅从斜面倾角上做文章。根据实践经验，可以从以下角度考虑解决方案：

（1）铁丝与木板间的摩擦力要小于水桶和木板间的摩擦力。

（2）滚动比滑动运动得更快。

（3）要让水桶的水面保持水平。

异想天开的力学游戏

科学探索

急速迫降

问题

怎么让水桶下滑时水面保持水平？

很小的倾角乒乓球就会滚动

图 7-8

图 7-9

光滑的铁丝之间摩擦力是比较小的，圆形的装置在没有外力维持的情况下是无法在斜面上静止的，如图 7-8 所示。因此，如果想让水桶下滑时水面保持水平，我们可以用铁丝做两个圆环，组成一个轮子，把水桶悬挂在过轮心的横梁上。一个能跑又稳定的小装置就做好了，如图 7-9 所示。

原理分析

轮子在斜面上肯定会滚动，因此解决了运动的问题；采用悬挂方式，解决了水桶的倾斜问题；圆轮本身在从斜面运动到水平面时，冲击不明显，解决了碰撞问题。一举三得！

但是轮子在下坡时，也是非常容易失控的，如何让水桶在正确的位置停下来又成为新的问题，所以我们可以尝试改进一下这个方案。

游戏 7　巧运水 "救火"

用小力、办大事！

问题

千斤顶如何让人拥有千斤力？

利用好摩擦力，我们可以做很多事情。例如，人们设计了螺旋式千斤顶，在转动手柄上施加很小的力，就可以顶起汽车，而松手后，汽车不会掉下来，如图 7-10 所示。

图　7-10

原理分析

当小橡皮擦和下方斜坡（支持面）间的静摩擦力达到最大值时，意味着阻止小橡皮擦顺着斜坡滑动的力已达到极限，如图7-11所示。此时，只要它在滑动方向上再受一点点力，就无法维持静止状态，会顺着斜坡开始滑动。而当一个物体受到摩擦力时，必然就会受到支持力。静摩擦力与支持面的支持力的合力与接触面法线间有一个夹角θ，这个角有一个临界值"$θ_s$"，当$θ<θ_s$时，物体就会静止；$θ>θ_s$时，物体就会滑动。这个角$θ_s$被称为"摩擦角"。不同材料之间的摩擦角一般是不同的（通常物体的摩擦角不会超过45°）。光滑玻璃的摩擦角就很小，粗糙皮革的摩擦角就很大。

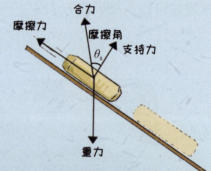

当物体处于滑动的临界点状态时，摩擦力达到最大值，此时支持力与摩擦力的合力与支持力的夹角也最大，这时的夹角被称为摩擦角。

图 7-11

咦，这里有一颗金属螺丝，它的顶端有旋转的螺纹。螺纹倾斜的角度可不是随便扭扭而成的，而是有科学原理的：螺纹的倾斜角要小于金属间的摩擦角（想象一下把螺纹展开成平面，而一个物体在小倾角的斜面上，不管物体多重都不会滑下来）。这种与力大小无关而与摩擦角有关的平衡现象被称为"摩擦自锁"现象。

这种现象在生活中很常见，比如看似"随随便便"搭在墙上的梯子，如图7-12所示，只要梯子与墙面和地面的角度合适，人站上去它就不会移动。

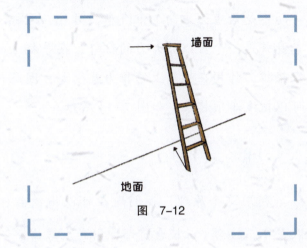

图 7-12

此外，摩擦力的一个典型应用就是机械千斤顶，如图7-13所示。其结构中的螺纹就是斜面，倾斜角比较小的斜面，只要在材料的强度范围内，顶上多重的物体都不会塌下来。

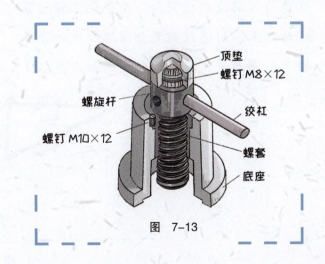

图 7-13

作用在手柄上的推力相当于沿斜面方向（而不是沿重力方向）推汽车，另外，手柄本身就是一个可以放大力的杠杆，在手柄上轻轻推，作用在螺母上的推力就很大，因此可以把汽车顶起来，如图 7-14 所示。

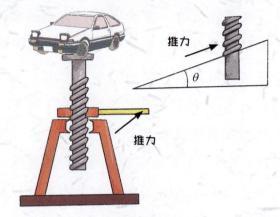

图 7-14

利用这个原理，我们现在可以用铁丝做一个三棱台。三棱台前部伸出向上弯曲，这是为了解决碰撞问题；为了让三棱台能运动起来，用铁丝做两个圆环组成一个小轮子，里面放上一些重物（例如老虎钳）来带动三棱台运动，如图 7-15 所示。由于斜面与三棱台之间摩擦力较大，最后三棱台不会全部进入水平面，水桶里的水一般不会洒出来。如果有水洒出来，可以考虑采用悬挂方式将水桶吊起来。

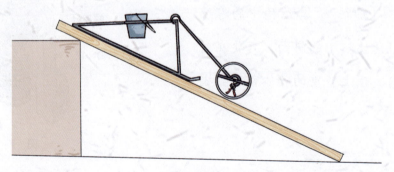

图 7-15

游戏7　巧运水"救火"

知识延展

　　利用摩擦角的概念还可以解释一些身边的现象。建筑工地上的沙子或碎石,在自然堆积的情况下,会形成一个圆锥形的沙石堆,这个沙石堆一般都是"矮矮胖胖"的,看不到"又高又瘦"的形状。这是因为沙石堆与地面的夹角只能小于或等于沙石间的摩擦角,而沙子的摩擦角小于42°,这就限制了沙石堆的形状,如图7-16所示。

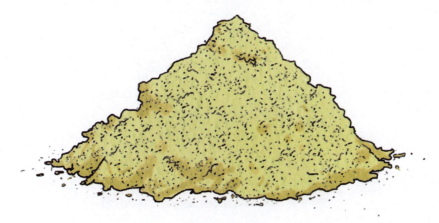

工地上的沙石堆

图　7-16

火山的形状也遵循这个原理,当火山喷出很多炙热的岩浆时,岩浆顺着山坡向下流,边流边冷却,就类似沙子从沙堆顶部滑下,最后形成的山坡与水平面的夹角也不会超过石头间的摩擦角,所以火山很多也是"矮矮胖胖"的形状,如图7-17所示。

图 7-17

根据沙堆或者火山的形状,我们还能得到一个推论:如果某座山表面缺乏植被,山上的石头经过常年的风吹雨打后,大石头逐渐破碎变为小石头,小石头能否停留在山坡上,就取决于山坡的角度;如果开始时山坡很陡峭,破碎的小石头就会滚落下去,这就导致山坡的形状逐渐会变得像一个大沙堆,如图7-18所示。

坡度平缓的荒山

图 7-18

相反,如果山上植被丰富或是常年被冰雪覆盖,这样的山往往很陡峭,如图7-19所示。

陡峭的青山或雪山

图 7-19

异想天开的力学游戏

正如"一叶知秋",一堆沙子里面也蕴含了丰富的信息。

要点总结

通过上述内容的学习,相信你对这个问题的思考已经比较全面了,对于如何利用杂物间里现有的工具,将台子上的水桶巧妙地运下来,应该有了完善的方案。不过,尽可能全面地考虑存在的困难,才能取得好的结果。以下就是设计装置时需要考虑的一些要点:

(1)水桶从斜面运动到水平面时的冲击是最大的,要想办法在此处减缓冲击。

(2)水桶悬挂的位置要尽量在中间,不然装置就容易跑偏,同时要想办法减少悬挂物的晃动。

(3)轮子要尽量做得圆一些,不然稳定性会很差。

游戏7 巧运水"救火"

动手实验

学习了这么多知识,大家是不是已经摩拳擦掌、跃跃欲试,想要亲手"运水救火"了呢?接下来就让我们进入挑战环节。这个游戏考查的是大家思考问题是否全面,能否灵活、综合处理问题。不过,为了降低操作难度,水桶就用水杯来代替吧。

实验目标

设计并制作一个装置,静止释放后,可以把一杯水从斜面顶部平稳地运到斜面底部,尽量不让水洒出来。当装置到达斜面底部时,测量纸杯中剩下的水。要求纸杯在斜面上的运动时间不超过1分钟。你要想象一下,旁边有火在熊熊燃烧,一定要尽快完成装置的制作和调试,太慢的话就来不及啦!

实验材料

工具:钳子1把。
材料:粗铁丝和细铁丝若干、纸杯1个、细绳1米、胶带1个、水1桶。
注意:斜面最好由木板做成,长2米,宽30厘米,斜面与地面的夹角不超过30°。如果找不到合适的木板,可以将桌子倾斜一个角度当成木板。

异想天开的力学游戏

实验步骤

自行设计，写在这里吧！

游戏 7 巧运水 "救火"

实验观察记录

请写在这里!

游戏 8 酸奶瓶里还剩多少酸奶

游戏情境

⚡ 小朋友,你能不能帮小玥妹妹想一个办法,用橡皮筋和直尺做测量工具,来测一下瓶中的酸奶到底是不是一半。

科学再现

想想要解决这个问题,需要了解关于弹性的一些知识,例如弹性形变、线性关系、比例换算等。

所谓"弹性形变",指的是物体在外力作用下发生形状变化,当外力撤销时,又恢复原形的特性。而"弹力"则是指物体发生弹性形变后,由于要恢复到原来的形状,而对接触它的物体产生的力。生活中有很多物体具有弹性,中国跳水"梦之队"在跳板上一跃而起,如图8-1所示;国乒队员打出的乒乓球在球台上划出一道道优美的弧线……奥运会的多个项目都用到了弹性物体的弹力作用。

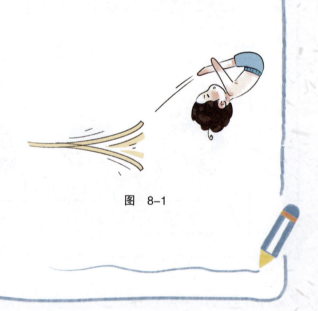

图 8-1

游戏8　酸奶瓶里还剩多少酸奶

靠着弹力，能够让平时跳不过1米高横杆的小朋友在蹦床上一蹦三尺高，如图8-2所示。

图 8-2

弹力的大小跟物体形状变化的程度有密切的关系：在弹性限度内，形状变化越大，弹力也越大；形状变化消失，弹力也就随着消失。而这个"弹性限度"是指物体承受的最大形状变化程度。当形状变化超过一定限度时，撤去作用力后，物体不能完全恢复原来的形状，这个限度叫作"弹性限度"。例如在弯折竹竿时，如果用了很大的力气，竹竿就会被折断，如图8-3所示。

图 8-3

不过要注意的是，虽然弹力由物体的形状变化产生，但并不是所有的形状变化都会产生弹力。当外力超过某一数值，物体会产生不可恢复的形状变化，这就是"塑性形变"。比如橡皮泥虽然也会变形，但是被捏成各种形状后，无法自动恢复原状，我们就不能说橡皮泥的弹性很大。一般来说，任何东西都有弹性，但其发生弹性形变的幅度不同。橡皮泥的弹性就小，皮筋、弹簧、竹竿的弹性就大。而且同一物体的弹性限度也不是固定不变的，它会随温度升高而减小。

在弹性限度内，橡皮筋的伸长量（橡皮筋平衡时的长度与原长之差）与作用力的比值为常数，呈现一种线性关系，如图8-4、图8-5所示。

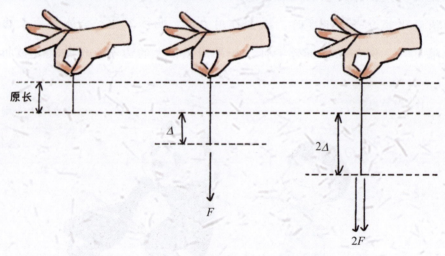

图 8-4

游戏 8　酸奶瓶里还剩多少酸奶

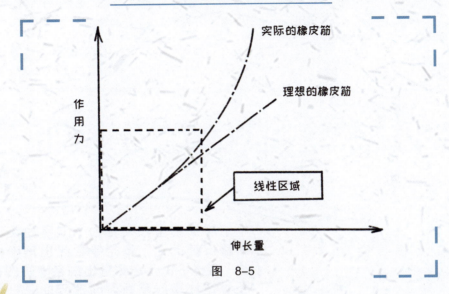

图 8-5

要点总结

　　测量剩余酸奶的重量需要巧妙利用比例关系,并把力学测量与数学计算融为一体,因此我们可以从以下角度出发:
　　(1)找出空瓶、满瓶、不满瓶之间的重量关系。
　　(2)将重量关系转换为橡皮筋的伸长量关系,并以此求出瓶中剩余酸奶的重量。

科学探索

几根橡皮筋能够"承受"一瓶酸奶?

问题

如何确定橡皮筋的弹性限度?

橡皮筋虽然有弹力,但是如果只靠一根橡皮筋的话,肯定是会超出其弹性限度的。这样不仅无法测量出剩余酸奶的重量,还可能让橡皮筋断裂而摔碎瓶子,所以我们要提前测出单根橡皮筋合适的承重范围。

原理分析

首先,我们需要一个空的矿泉水瓶,然后在瓶身上面均匀地标出10个刻度,如图8-6所示。

图 8-6

游戏 8　酸奶瓶里还剩多少酸奶

接着,测出橡皮筋的长度,然后将其挂上空矿泉水瓶再测出此时橡皮筋的长度,将这个长度减去初始长度就得出了橡皮筋的伸长量,将此伸长量记录在本子上。

图 8-7

接下来,我们从最低的刻度加水,加一次水测量一次橡皮筋的伸长量(此时橡皮筋的长度减去初始长度),如图 8-7 所示,并记录在本子上。

观察这些数据,我们会发现,伸长量的变化一开始是有规律的,每一次的伸长量除以所悬挂水的重量,会接近于一个固定的数。当伸长量的变化开始不规律时,则说明橡皮筋受到的拉力超出了它的弹性限度。用家里的秤称一下此时矿泉水瓶与水的重量,就能得出单个橡皮筋的称重范围。再测一下满瓶酸奶的重量,就能得出用几根橡皮筋是安全且测量准确的了。

知识延展

利用弹簧的弹力变化与伸长量的关系,人们制造出了弹簧测力计来测量力的大小,其结构主要由弹簧、挂钩、刻度盘、指针、外壳、吊环等几大部分组成,如图8-8所示。

测量时,要让弹簧测力计的弹簧伸长方向与受力方向一致,并与外壳平行,避免扭曲和摩擦,尽量减小由于摩擦产生的测量误差,指针最后所指的刻度,就是所测量力的大小。

弹簧测力计

图 8-8

除了这种利用拉力变化来测量力的大小的弹簧测力计之外，还有一种利用压力变化来测量力的大小的弹簧秤（同样利用了弹簧的弹力变化与伸长量的关系），如图 8-9 所示。早在 1776 年，使用螺旋压缩弹簧的弹簧秤就已经问世，并演变出了地磅秤、体重秤、厨房秤等一系列测量工具。可以说，只要是机械结构的称重工具，基本上都属于弹簧秤（天平除外）的范畴。

弹簧秤及其内部结构

图 8-9

就算是现在能更精确测量压力变化的电子秤，如图 8-10 所示，其内部也是存在弹簧结构的，也遵循弹性定律。只不过电子秤是把弹簧伸长量的变化转换成了电子信号输出，让轻微的形变也能被察觉到。

图 8-10

"+-×÷",变走空酸奶瓶!

问题

能跳过瓶子直接测量酸奶的重量吗?

> 只要在橡皮筋的"线性区域"内测量,每一个物体的重量与橡皮筋的伸长量仍然是一一对应的,即(空瓶+满瓶酸奶)的重量对应着 Δ_1,空瓶的重量对应着 Δ_3。

原理分析

想象一下,如果酸奶结冰了,不用瓶子也可以测量酸奶的重量与伸长量的关系,而满瓶酸奶的重量可以用如下关系来表示:

(空瓶+满瓶酸奶)- 空瓶 = 满瓶酸奶,如图8-11所示。

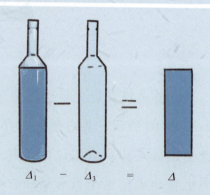

Δ_1 - Δ_3 = Δ

(空瓶+满瓶酸奶)- 空瓶 = 满瓶酸奶

图 8-11

游戏 8 酸奶瓶里还剩多少酸奶

而重量对应的伸长量也有这样的关系：

$$\Delta_1 - \Delta_3 = \Delta$$

即满瓶中的酸奶对应伸长量为（$\Delta_1 - \Delta_3$）。现在想象两个瓶子中的酸奶结冰后挂在橡皮筋上，很容易看出，满瓶中的酸奶（重量为 p）对应的伸长量为（$\Delta_1 - \Delta_3$），而不满的瓶子中未知的酸奶（重量为 x）对应的伸长量为（$\Delta_2 - \Delta_3$），如图 8-12 所示。

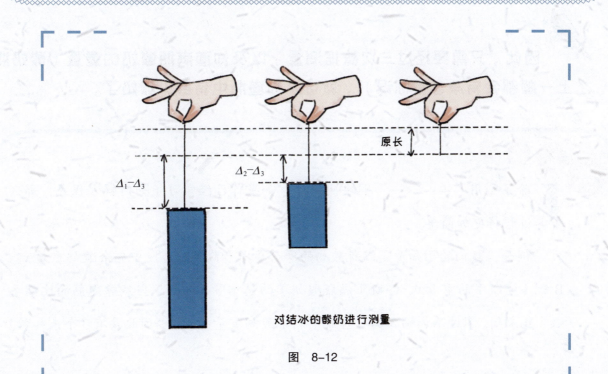

对结冰的酸奶进行测量

图 8-12

根据橡皮筋伸长量与作用力的关系，酸奶的重量与伸长量成比例：

$$\frac{p}{x} = \frac{\Delta_1 - \Delta_3}{\Delta_2 - \Delta_3}$$

计算后，可以得到 $x = [(\Delta_2 - \Delta_3)/(\Delta_1 - \Delta_3)] \times p$。

因此，只需要经过三次数据测量，以及知道满瓶酸奶的重量（酸奶瓶上一般都会有净含量标识），就可以知道瓶中有多少酸奶了。

进阶挑战

除了利用"＋－×÷"解决问题外，如果你已经学习了如何解方程式，那么计算过程将更加简单。

例如，我们的已知量是满瓶酸奶的净含量是300克，A瓶中剩余酸奶重量x、B瓶（空瓶）的重量y、C瓶（满瓶酸奶）的总重量z未知。当然橡皮筋的比例系数k也未知，不过不影响我们对A瓶中剩余酸奶重量的测量，因此共有3个未知量。

游戏 8　酸奶瓶里还剩多少酸奶

进阶挑战

而在数学中，有 3 个未知量，通常需要 3 个方程式来求解。

因此想要测量出 A 瓶中剩余酸奶的重量 x，我们需要 3 次测量后得到 3 个方程式，然后利用比例关系求出 x 的值，如图 8-13 所示。

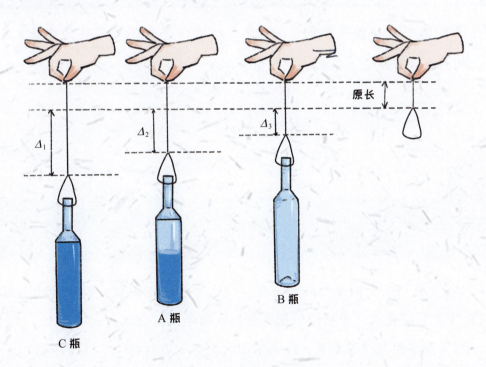

图 8-13

（1）第1次测量C瓶，重量为 z，设伸长量为 Δ_1，有 $z = k\Delta_1$。

（2）第2次测量A瓶，重量为 $x+y$，设伸长量为 Δ_2，有 $x+y = k\Delta_2$。

（3）第3次测量B瓶，重量为 y，设伸长量为 Δ_3，有 $y = k\Delta_3$。

由于已知满瓶酸奶的净含量是300克，就可以得出满瓶酸奶的重量 $z = y + 300$，将三个方程联立，很容易就求出了答案。感兴趣的小朋友可以尝试着挑战一下自己哦！

要点总结

想测量酸奶瓶中剩余的酸奶还有多少，考查的不仅仅是动手能力，还对动脑能力提出了更高的要求。为确保测量安全和成功率，需要注意以下要点：

（1）要多用几根橡皮筋，防止不小心把酸奶瓶打碎。

（2）直尺要选用精度更高的，且测量时要保持与橡皮筋平行。

游戏 8 酸奶瓶里还剩多少酸奶

动手实验

现在，轮到你亲自动手试一试剩下的酸奶是不是半瓶了，看看小智哥哥有没有骗人！需要注意的是：橡皮筋的变形在较小范围内，受力和伸长量才有线性关系，所以不能放太重的物体来测量；同时，为了避免浪费以及安全方面的考虑，酸奶瓶可以用塑料的矿泉水瓶来代替，但要在外面套上不透明的"小外套"，让瓶子里的水保持神秘。

实验目标

利用橡皮筋测量瓶中有多少水。两瓶矿泉水 A 和 B，A 瓶开盖后随机倒出一些水（避免看出来倒了多少，请家长或同学帮忙倒出一些水，然后用纸把瓶子包起来），B 瓶是满瓶水。利用下面的工具和材料，设计简单巧妙的测量方法，得出 A 瓶中还有多少毫升水。

注意：在测量过程中，A 瓶的盖不能打开，B 瓶没有限制。

实验材料

工具：直尺 1 把。
材料：两瓶水 A 和 B、A4 纸 1 张、铅笔 1 支、橡皮筋 5 根、细线 1 米。
注意：为避免测量空矿泉水瓶时橡皮筋形变不明显，可以在水中放一个小钢珠，不过这会增大测量误差。

异想天开的力学游戏

实验步骤

自行设计，写在这里吧！

异想天开的力学游戏

实验结论

请写在这里!

游戏情境

游戏 9 蛋仔大力士养成记

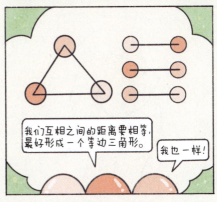

小朋友,你觉得它们三个说的有道理吗?三个蛋仔想拿下大力士比赛的冠军还需要做什么呢?快来帮它们制订一个完善的比赛方案吧!

科学再现

异想天开的力学游戏

想要帮助蛋仔三兄弟取得好成绩，依然需要很多生活中的经验。你有没有尝试过捏碎一枚鸡蛋？你有没有用力拉断过一根绳子？当你尝试这些动作时，知道它们背后蕴藏着许多科学原理吗？比如压力和压强、平衡与稳定性、冲击载荷等。别怕，接下来就让我们尝试利用这些知识和经验，制订一个有用的方案。

首先，我们来考虑一个现实中的问题，怎么让鸡蛋承重更大？

众所周知，鸡蛋的承压能力"忽大忽小"，如果将一枚生鸡蛋握在掌心，手均匀用力，即使你用很大的力气也无法将鸡蛋握碎，如图9-1所示。

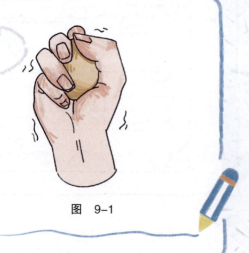

图 9-1

游戏 9 蛋仔大力士养成记

但是在妈妈做饭时，只要拿鸡蛋往锅沿上轻轻一磕，鸡蛋就破了，如图 9-2 所示。

图 9-2

从这个生活实践中我们可以了解到，鸡蛋的承重能力与鸡蛋的受力方式有密切关系。鸡蛋的外形是很好的受力结构，如果受力均匀，鸡蛋可以承受很大的重量（国家大剧院采用的就是鸡蛋壳的仿生结构）；但如果受力不均匀，鸡蛋也是十分脆弱的。

所以，如果把木板直接放在四个鸡蛋上，一个人压在木板上就很容易压碎鸡蛋，需要别人的帮助才能让鸡蛋不被压碎（让鸡蛋受力均匀），如图 9-3 所示。

木板直接与鸡蛋接触

图 9-3

异想天开的力学游戏

如果给鸡蛋垫上泡沫后再将木板放上，则两个人站在木板上都没有问题，如图 9-4 所示。

这其中唯一的差别就是接触方式不同。

当然，人站在木板上时，不同的动作也会影响鸡蛋的承重能力。如果我们直接跳上木板或者在上面朝着一个角用力压，鸡蛋很容易就会被压碎，如图 9-5 所示。

泡沫与鸡蛋接触

图 9-4

图 9-5

游戏9 蛋仔大力士养成记

由此可见,想要鸡蛋承受更大的重量,秘诀就是"慢慢来"和"平均分布"。让鸡蛋尽可能均匀受力,而不是针对蛋壳上的某一点突然施加外力。

要点总结

要让三个蛋仔拿下大力士比赛的冠军,核心原则只有一个——尽量减少压强,进而增大它们能承受的压力。以下是需要注意的要点:

(1)分散它们的站位,尽量扩大受力面积。

(2)堆叠重物时,最好放在它们头上木板的正中间,让受力均匀。

异想天开的力学游戏

 听我指令！呈三角阵型散开！

问题 ❓❓❓

什么样的阵型更适合承重？

从平衡的角度看，只要木板水平且和三个鸡蛋都接触，即能保证平衡，与鸡蛋之间距离是远一点还是近一点关系不大。但是如果考虑稳定性，情况就不同了，鸡蛋的摆放位置会对承重有很大影响。

想象下面的情境：如果红酒杯没有底座，它凭着一根棍儿就很难立在桌面上，如图9-6所示。

图 9-6

游戏9 蛋仔大力士养成记

如果小玥妹妹坚持要在行驶中的公共汽车上练习单腿站立,如图9-7所示,她能站稳吗?

这两个画面表明,物体的稳定性与其底部的面积有很大的关系。因此,一个大面积的底部对物体的稳定很有用,比如台灯、电风扇都是有大底座的。你还可以在家里找找看,哪些物品有大底座呢?

在这个游戏中,鸡蛋就相当于木板的底座。假设A、B、C是三个鸡蛋,则三角形ABC就相当于木板的底座。如果鸡蛋间的距离很近,底座的面积就很小;如果鸡蛋间的距离很远,底座的面积就很大,如图9-8所示。

图 9-7

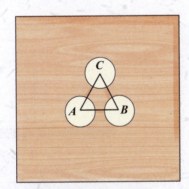
鸡蛋间的距离近(俯视图)

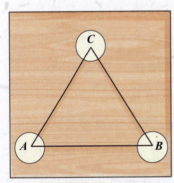
鸡蛋间的距离远(俯视图)

图 9-8

从底座面积与稳定性的关系可以知道，如果脚踩上木板时位置稍偏一点，则当底座面积小（鸡蛋间的距离近）时容易导致木板偏向一侧，这时只有一个鸡蛋受力，它会先破碎，如图9-9所示。

当底座面积大（鸡蛋间的距离远）时，木板容易保持水平，三个鸡蛋受力比较均衡，不易破碎，如图9-10所示。

因此，3个鸡蛋应尽可能地放置在三角形的3个顶点上，且相距尽可能远。这样木板不易向某一方向倾斜，各个鸡蛋受力也比较均衡。

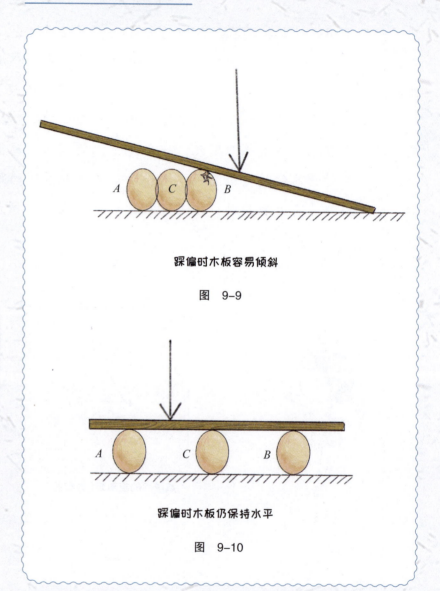

踩偏时木板容易倾斜

图 9-9

踩偏时木板仍保持水平

图 9-10

游戏9 蛋仔大力士养成记

看准目标，轻轻拿、慢慢放

问题1

重物位置为什么会影响受力？

有福同享、有难同当，蛋仔三兄弟哪一个都不能掉队，所以不能"偏心"，不然比赛就功亏一篑了。因此鸡蛋之间的距离尽量远只是一个方面，重物放在什么位置也需要考虑。

每个鸡蛋受力的大小与脚到鸡蛋的距离有关，这个结论很容易从下面的例子中看出。两人抬水，水桶靠近前面的人，前面的人就会觉得很累，而后面的人感到很轻松，如图9-11所示。

两人抬水时的感受不同

图 9-11

鸡蛋之间的距离尽量远只是一个方面,脚踩在什么位置也需要考虑。因此,应尽可能把重物放在由鸡蛋构成的三角形的中心位置,以保证鸡蛋受力均衡,如图 9-12 所示。

图 9-12

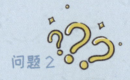

问题2

放重物时为什么要慢慢放?

放重物的动作会影响鸡蛋的受力,特别是刚把重物放上木板时,应尽可能慢慢地加力,否则就会对木板产生较大的冲击力。

原理分析

冲击力(也称为"动态力")和静态力有很大的差别。由于力的大小不容易看出来,我们可以变换一下思路:看力引起的变形量大小。设计一个简单的实验,就能"看出"冲击力是否大于静态力。

游戏 9 蛋仔大力士养成记

用一根橡皮筋绑住一个玩具布娃娃,下面放一只装满水的茶杯,我们就可以进行模拟的"蹦极"了。先把布娃娃提升一些高度,然后静止释放,布娃娃会下落到茶杯中水面的位置。此时橡皮筋收缩反弹,等布娃娃完全停止后,可以看到它离水面还有一段距离,如图 9-13 所示。

通过模拟"蹦极"比较动、静载荷的区别

图 9-13

静态力拉不断绳子

动态力可以拉断绳子

图 9-14

假设 l_0 为橡皮筋原来的长度,有娃娃在蹦极时产生的最大伸长量为 Δ_1,其静止时的伸长量为 Δ_2;则 Δ_1 与 Δ_2 就反映了冲击力与静态力的大小。

冲击力远远大于静态力的另一个简单的例子:当你直接拉一根细绳子拉不断时,可以把两只手先靠近,然后再突然用力拉向两边,就有可能把绳子拉断,如图 9-14 所示。

异想天开的力学游戏

要点总结

如果我们想打破鸡蛋,就尽量集中力量;如果我们要保护鸡蛋不破损,就要想办法分散外界的力量,如图9-15所示。以下是需要注意的要点:

(1)蛋仔三兄弟要离得尽量远。

(2)把重物刚放上木板时应尽可能慢慢地加力。

(3)尽可能把重物放在由鸡蛋构成的三角形的中心位置。

图 9-15

游戏9 蛋仔大力士养成记

动手实验

本实验所需材料和实验方法都较为简单,相信对各位小朋友来说都不是难题,但是怎么避免打碎的鸡蛋被浪费就需要小朋友开动脑筋想一想了,不要把家里搞得一团糟哦。

实验目标

从冰箱里拿出3枚鸡蛋,放在任意位置,再铺上另一块木板(允许在鸡蛋与木板之间垫一些纸片),看看木板上最多能放多少重物。

实验材料

工具:无。
材料:鸡蛋3枚、木板1块、砖头若干(或其他形状规则容易摆放的物品)。
注意:为避免打碎的鸡蛋被浪费,3枚鸡蛋下方可以放一个干净的托盘,这样碎掉的鸡蛋还可以用来蒸鸡蛋羹呢!不过鸡蛋要提前洗干净,不然鸡蛋液就被污染了。

异想天开的力学游戏

实验步骤

自行设计，写在这里吧！

异想天开的力学游戏

实验结论

请写在这里!

游戏⑩ 三支铅笔「定」重心

游戏情境

小朋友，你觉得小智哥哥的魔术难吗？背后蕴藏了哪些科学道理呢？如果你想知道其中诀窍的话，就先和小玥妹妹一起学着测一下这块木板的重心吧。

异想天开的力学游戏

科学再现

只利用铅笔就能找出不规则木板的重心，这听起来是个很神奇的能力呢，其实很容易实现。你只需要利用到重心、摩擦等方面的小知识，同时注意联想生活中的常见现象就可以啦。

众所周知，三角形具有稳定性，但是我们会发现大多数的桌椅都是四条腿的，这是为什么呢？

虽然三角形具有稳定性，但这种稳定性主要是指从任意的角和边施加力都不容易让三角形变形，这需要在一个平面内从两边向中心施加力。而桌椅所受的力主要是从上向下的，所以三角形的稳定性没有发挥出来，反而会因为顶部支撑面太小而变得不稳定，如图10-1所示。

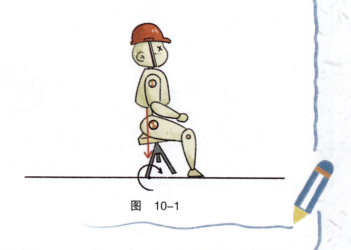

图 10-1

游戏 10 三支铅笔"定"重心

因为物体平衡时,重心要落在支撑点所围成的面积之内,且面积越大越稳定,重心落于支撑面外就会发生倾倒。例如,我们可以坐在四条腿的椅子上手舞足蹈,一般不会考虑椅子是否会倾倒;如果坐在断了一条腿的三条腿椅子上,可就要小心翼翼地防止失去平衡摔倒了,如图10-2所示。

从俯视图上看,坐在四条腿的椅子上时,重心落在由椅子四条腿构成的四边形内才是安全的。这时安全区域的面积基本上是椅面的面积,如图10-3所示。

坐在三条腿的椅子上时,重心落在由椅子三条腿构成的三角形内才是安全的。这时安全区域的面积只有椅面面积的一半,如图10-4所示。如果此时你坐在椅子的安全区域就不会摔倒,但坐在椅子的非安全区域,就很容易摔倒了。

坐在四条腿的椅子上稳如泰山　　坐在三条腿的椅子上战战兢兢

图 10-2

图 10-3

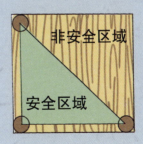

图 10-4

● 异想天开的力学游戏 ●

> 从这个原理可以推导出一个有趣的结论：从理论上来说，只要找到重心，万物皆可立！

（1）人可以高空走钢丝：长长的平衡杆是为了调整重心位置，使通过人体重心的重力线不越出脚与钢丝的接触面，如图 10-5 所示。

图 10-5

图 10-6

（2）人可以站在毫无支撑的梯子上：通过调整手和脚伸出的角度，可以平衡人体与梯子组合的重心，使梯子静止，如图 10-6 所示。

（3）人可以在高空骑自行车：人、自行车和配重三者组成一个整体，适当调整配重的重量和位置，可以改变整体重心的位置。配重的重量越大、位置越靠下，重心的位置就越低。一旦自行车发生倾斜，整体的重力便会拉动车回到竖直位置，如图 10-7 所示。不倒翁的制作也是利用了这个原理。

游戏 10 三支铅笔"定"重心

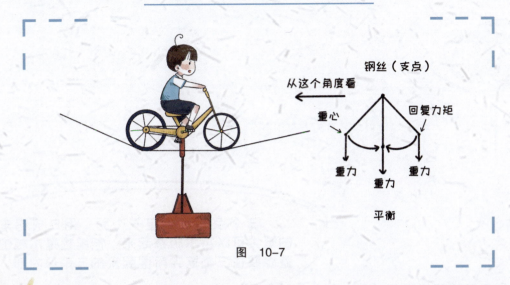

图 10-7

(⚠ 危险动作,请小朋友们不要模仿!)

要点总结

学完重心位置与稳定性的关系,我们就可以反向利用稳定性来寻找不规则木板重心的位置。以下是判断重心的要点:

(1)物体稳定时,重心一定在支撑面的中间。

(2)支撑面要尽量和地面保持水平。

异想天开的力学游戏

慢慢"收网"抓重心！

问题

如何用三支铅笔找木板的重心？

三个点即可确定一个面，用三支铅笔的笔尖可以将木板撑起来，但前提是木板的重心要在三个笔尖所围起来的三角形内部。

用三支铅笔的笔尖（A、B、C）当作支脚来支撑不规则的木板，如果木板平衡，则说明木板的重心在三角形ABC的内部，如图10-8所示。

然后慢慢把三支铅笔距离靠近些，重新调整木板的平衡，这样木板的重心就在新的更小的三角形内了。经过多次反复后，当包含重心位置的三角形边长变得足够短时，就可以认为我们找到了木板的重心，如图10-9所示。

游戏 10 三支铅笔"定"重心

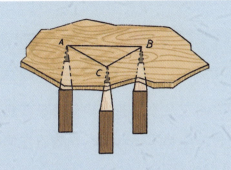

木板的重心在三角形 ABC 内

图 10-8

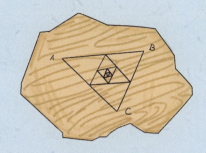

逐渐缩小三角形

图 10-9

这种方法虽然看似简单,但实际操作时可能有些麻烦:当铅笔距离比较近时,木板放上去很容易把铅笔碰倒;木板重心放偏了也会让铅笔倒下……总之,很多情况会让人手忙脚乱,结果也会不太精确。所以,让我们想办法改进一下吧,比如可以用"鹰爪功"——用五个手指朝上托着木板使其平衡,如图 10-10 所示。然后慢慢收缩手指(好处是手指不会像铅笔那样一碰就倒),直到手指并到一起,而木板虽然摇摇欲坠但就是没有掉下来,手指聚拢处大致就是木板的重心位置啦。

图 10-10

知识延展

物体平衡时其重心要落在支撑点所围面积之内,这个结论可以解释很多现象。例如台灯和酒杯需要大的底座、双脚站立比单脚站立稳定、老年人腿脚不方便时需要拐杖帮助……我们还能从这个结论得出一些有趣的推论:

两足动物的脚(相对身体尺寸)都比较大,比如鸡的爪子会尽量分开以增加支撑面积,而且鸡爪覆盖的面积比鸡的头部还要大,如图10-11所示。四足动物的脚没必要占那么大面积,如猪蹄就是收拢的,而且明显比头部小,如图10-12所示。

鸡的爪子是分开的
图 10-11

猪蹄是收拢的
图 10-12

如果动物一直在水中生活,不需要站立,它就没有必要长脚了,例如鱼类。

游戏 10 三支铅笔"定"重心

巧用摩擦找重心

摩擦本来与找重心没有直接的关系,但是由于摩擦的存在,当物体越重,移动它需要的推力就越大。我们可以通过一些简单的现象找到摩擦与重心之间的关系,然后利用这种关系来找重心。

问题

重心位置对重力作用的效果有什么影响?

原理分析

接下来这段科学原理分析,你一定要找一根棍子或一把直尺,亲自动手试一下,会看到很有趣的现象呢。

假设你双手各用一根手指来支撑木棍的两端,木棍上挂一重物,两根手指与木棍上重物之间的距离不一样。回忆一下杠杆原理,或者"蛋仔大力士养成记"游戏中两个人抬水的例子,你很容易知道两根手指上受到的力不相同,如图 10-13 所示。当重物靠近左手手指,重物与木棍整体的重心也靠近左手手指,左手手指受到的力就大,右手手指受到的力就小。

异想天开的力学游戏

两根手指支撑木棍

图 10-13

现在左右两根手指微微用力相互靠近，这时的情况是：左手手指感到阻力大，就像是人在推很重的物体，推不动，也就是重物相对于左手不动；右手手指感到阻力小，就像是人在推较轻的物体，轻轻松松就可以推动，这时重物相对于右手手指开始滑动起来，右手手指与整体重心的距离变近，如图10-14所示。

右手手指距离远，开始滑动

图 10-14

游戏 10 三支铅笔"定"重心

在右手手指滑动时,某一时刻左右两根手指与整体重心位置的距离一样。这时,右手手指由于惯性的存在还会滑动一些,结果造成左手手指与整体重心距离远,右手手指与整体重心距离近。这时左手手指受力小一些,会相对物体滑动起来,而右手手指受力大一些,与物体保持相对静止,如图10-15所示。

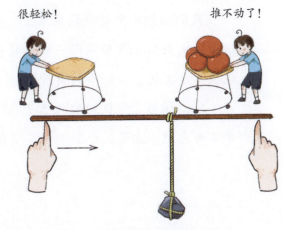

左手手指距离远,开始滑动

图 10-15

因此,当你把重物放在两根手指上,双手微微用力靠近时,物体会相对双手交替滑动,如图10-16所示。每次都是受到阻力小的那端滑动,当两根手指贴在一起时,物体的重心正好在手指的上方,这就是小智哥哥所变魔术的诀窍!

两根手指交替滑动

图 10-16

我们回到小智哥哥的魔术上。当纸币的角度变化时，硬币在纸币的两条边上交替运动，硬币的重心相对于纸币的位置会自动跟随角度变化，当纸币的角度为0°（完全对折）或180°（完全展开）时，相当于刚提到的两根手指贴在一起了，这时硬币的重心就正好在纸币上了，如图10-17所示。

从这个原理出发，找木板的重心也就很简单了。

图 10-17

游戏 10　三支铅笔 "定" 重心

把木板放在两支铅笔上面,让两支铅笔平行地慢慢接近,小心地保持木板的平衡。当两支铅笔靠拢在一起时,用另外一支铅笔画出这一位置所在的线,如图 10-18 所示。

然后将木板转动一下,换一个角度,再重复上述的操作:让两支铅笔平行地慢慢接近,保持木板的平衡。当两支铅笔靠拢在一起时,用另外一支铅笔画出这次的位置线。这两次画出的直线相交于一点,这个点就是物体重心的位置,如图 10-19 所示。

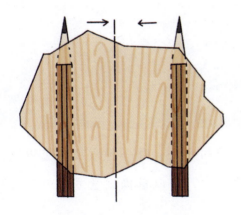

让两支铅笔平行靠拢

图　10-18

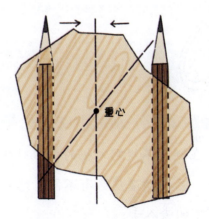

转动木板后让两支铅笔平行靠拢

图　10-19

我们没有用绳子悬挂，但是最后的结果与"和铜棒棒捉迷藏"游戏中的重心测量方法有异曲同工之妙，如图10-20所示。这就是科学的神奇！

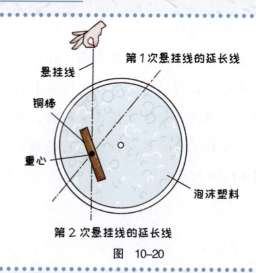

图 10-20

要点总结

在测量不规则木板的重心时我们用了两种不同的方法，每一种方法都可以测量成功，只是精准度略有不同。想要更精准地定位重心，可以根据测量方式的不同从以下方面去入手：

（1）面积收缩法：让三个笔尖围成的平面和地面保持水平。

（2）摩擦搜索法：两只铅笔的长度要相同，推动其靠拢时所用的力大小要相同。

游戏10 三支铅笔"定"重心

动手实验

本实验用的材料很简单,但是很考验动手能力。通过这个实验,你可以了解到重心和摩擦的特点,以及寻找重心的方法。

实验目标

找一块不规则的木板,想办法测出它的重心位置。时间上没有限制,可以考虑使用不同的方案,争取最准确的结果。

实验材料

工具:无。
材料:不规则的木板1块、铅笔3支。
注意:当找到木板的重心后,可以采用前面"和铜棒棒捉迷藏"游戏中学到的"绳子悬挂法"来验证一下找到的重心对不对。

异想天开的力学游戏

实验步骤

自行设计，写在这里吧！

游戏 10　三支铅笔"定"重心

实验观察记录

请写在这里！

游戏 11 帮助小牙签们「坐船」回家

游戏情境

马上要开船了,小朋友,你能设计一个发射装置,帮助小牙签们回家吗?

异想天开的力学游戏

科学再现

牙签……不就是简化版的"箭矢"宝宝嘛!如果把牙签装扮成"箭矢",如图11-1所示,应该就可以轻松上船了吧?

图 11-1

在著名的"草船借箭"故事中,聪明的诸葛亮利用伪装好的草船,趁着大雾弥漫,一晚上就"借"回来了十万支箭。不过,这个故事中存在的问题是——曹操射出的箭可比十万多多了,但大部分箭都落到了水里,并没有成功上船。

为什么箭会落到水里呢?

除了一些是因为士兵力气不够大,射得不够远之外,其他大部分掉进水里的箭都是因为射得不够准。虽然船只是一个很大的靶子,但是箭矢可不是只走直线的"乖宝宝"。

在影视作品里,技艺超群的弓箭手只要一张弓射箭,箭矢就会像"死神"一般迅速飞向敌人,通常还会配上一个箭矢飞行的慢镜头特写——笔直的箭矢直直地向前射去,但真实情况并非如此。

如果利用高速摄像机将箭矢飞出去的过程拍下来,然后再进行慢镜头回放,就会发现箭矢向前运动的轨迹是左摇右摆的,像是一条水蛇一样一扭一扭地朝目标"游"去,如图11-2所示。所以就会出现瞄得准反而射得偏的情况。

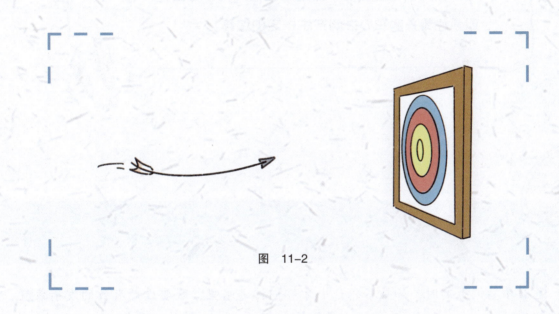

图 11-2

为什么会出现这种情况呢?影响箭矢稳定性的原因有很多,包括重心、空气阻力等,其中一个主要原因是箭矢的材质问题。由于箭矢一般都是木质的,所以都会有一定的弹性。当箭矢射出去的一瞬间,它在弓弦力的作用下发生形变;在飞行过程中,它还会因为受到空气阻力和重力的影响而改变运动的速度和方向(速度越慢,偏移越明显),飞行中的箭矢会像一条游动的蛇一样左右摇摆。

所以，有经验的弓箭手在瞄准的时候都不会单纯地用箭头来瞄准靶心，而是会根据风向、弓弦拉力等因素让箭头和靶心之间产生一定的偏移。

要点总结

送小牙签们上船时，如果不想让小牙签们掉进水里，既要设计有效的发射装置，又要给小牙签们加一些"秘密装备"。以下是要考虑的两个关键点：

（1）发射装置很重要，发射的力要够大，小牙签们的"射程"才会够远。

（2）增加一些"秘密武器"，来控制小牙签们的摆动幅度，增加它们的稳定性。

游戏 11　帮助小牙签们"坐船"回家

飞得远的秘密——"诸葛神弩"显威力！

问题 什么样的发射装置省力又稳定？

力对物体的作用效果取决于力的大小、方向与作用点。

一般来说，冷兵器时代的发射装置可以有各种形式，弓箭、弩、弹弓是常见装置，适合不同的发射物，如图11-3所示。

其中弓和弩两者的发射原理基本相同，都是将有韧性的弦拉到后边，让弦推着箭矢飞出去。所以箭能飞多远，取决于弦拉得有多紧，而弦拉得有多紧则取决于拉弦的人力气有多大。不过，由于设计差异，弓和弩两者的使用方法却是不同的。

异想天开的力学游戏

弓箭，适合发射长杆形状的箭矢。适合发射牙签。

弩，既可以发射长杆形状的弩矢，又可以发射球形物体。适合发射牙签。

弹弓，适合发射球形物体。不适合发射牙签。

图　11-3

例如，要想拉弓射箭，弓箭手需要耗费很大力气，而且弓弦的拉紧程度也影响每一次发射的效果和射程。

弩对于射手的臂力要求就没那么高，可以托在手中从容使用，上好弦后只要轻轻扣动扳机就能发射出去。同时它还有较长的"弹道"，可以让瞄准更容易。

随着发射次数的增加，用弓的人力气会衰减，很容易影响每次发射的射程，而弩则既稳定又省力，所以设计一把弩来做发射装置是比较聪明的选择。

我们来看看用简单的材料如何做出一把简易版的弩。

（1）将两根筷子垂直绑在一起做成骨架，把圆珠笔芯绑在纵向筷子上做成弹道，如图11-4所示。

游戏 11 帮助小牙签们"坐船"回家

（2）用粗铁丝做成推杆，把橡皮筋穿过推杆上的圆环绑在横向筷子的两端，如图 11-5 所示。

（3）发射时把牙签从圆珠笔圆芯前面放进去，向后拉动推杆瞄准目标，如图 11-6 所示。

（4）释放推杆，就可以把牙签射出去了。

（5）如果我们把推杆拉出后倾斜着达到一定角度，即使松手，推杆也不会动，因为它被摩擦力"锁住"了，如图 11-7 所示。发射时把推杆轻轻向下一压，推杆的倾斜角度变小后就会自动把牙签发射出去。摩擦力在这里就成了一种"扳机"。

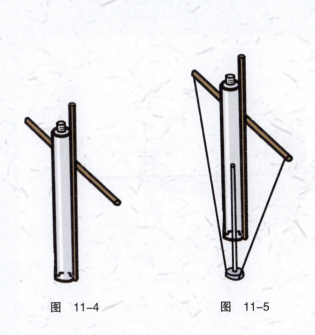

图 11-4　　　　图 11-5

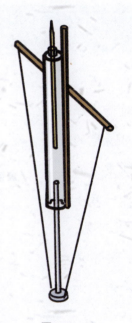

图 11-6

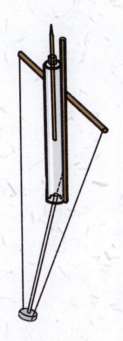

图 11-7

（⚠ 制作中一定要注意安全，且不要冲人发射！）

异想天开的力学游戏

知识小拓展：诸葛连弩

别看上面这个装置简单，它可是古代著名的兵器"弩"的简易版呢。

据史书记载，三国时期蜀国丞相诸葛亮主持改进了弩的设计，制作出一种连弩，最先称作元戎弩，后被称为"诸葛连弩"："以铁为矢，矢长八寸，一弩十矢俱发。"也就是一次能够连发10支弩矢。真是厉害！

箭矢在发射那一刻发生了什么？（受力分析）

知识延展

弦拉满时，手对箭有摩擦力，抵消了弓弦对箭尾的推力，同时箭还受到重力的作用，这个力被另外一只手的支持力抵消了。由此可见，物体静止的情况下，并不是不受力，只是受力平衡，如图11-8所示。

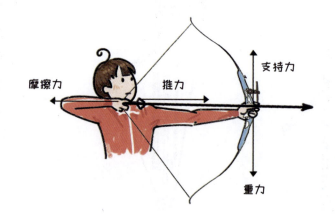

图 11-8

松手那一刻,摩擦力消失,箭受到向前的推力,所以就会"嗖"的一下发射出去,如图11-9所示。这个时候,空气也会对它产生阻力,阻碍它向前运动。在这种情况下,就像两只手从两边挤压这支箭,所以箭就发生了弯曲。

图 11-9

从这里可以看出,力可以改变物体的运动状态,包括运动速度与方向。

箭在空中飞行的时候,空气阻力会阻碍它前进,重力也会把它向下拉,两个力一起作用,让箭的飞行轨迹呈现抛物线状,如图11-10所示(所谓"抛物线",顾名思义,就是你抛出一个物体,比如石子,它在空中经过的轨迹所形成的曲线)。

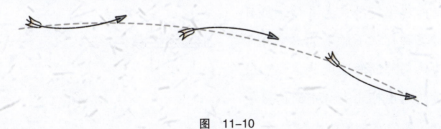

图 11-10

异想天开的力学游戏

制服空气捣乱鬼——
牙签大改造！

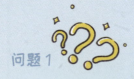

问题1

空气会对物体运动有什么影响？

> 从前面可以看到，空气对于飞行的箭矢来说是个"坏家伙"，一直在阻挡箭矢前进，还会让它左右摆动，不走直线。

原理分析

空气阻力遇强则强，遇弱则弱。速度越大，受到的空气阻力就会越大。当你以正常的速度行走时，空气阻力对你行进的速度几乎不会造成影响，但是像苏炳添那样的短跑运动员或者杨扬那样的短道速滑运动员就不能不考虑空气阻力了，因为他们前进的速度非常快。箭矢在飞行时的速度可比人行走的速度快多了，所以受到的空气阻力也很大。

箭矢自身的重量对飞行也有影响，如果太轻，受到空气阻力的影响就更大，飞出后就会偏转，可能会横着撞向靶子，如图11-11所示。

图 11-11

游戏 11　帮助小牙签们"坐船"回家

除了速度外,空气阻力的大小还受到迎风面大小的影响。我们可以做一个简单的实验来验证这一点:

你很难将一张纸扔得很远,它会忽左忽右地飘动,但不会飘很远,如图 11-12 所示。

但是如果把纸揉成一团后扔出去,它就会做抛物线运动,就很容易被扔得较远,如图 11-13 所示。

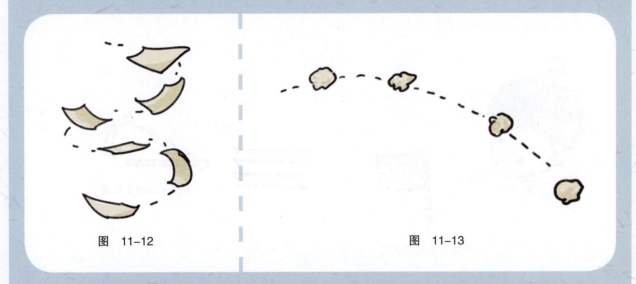

图 11-12　　　　　　　　　　图 11-13

究其原因,就是纸张的迎风面大,受到的空气阻力也很大,和自重相比不能忽略;纸团的迎风面小,受到的空气阻力比较小,和自重相比可以忽略。

异想天开的力学游戏

问题2

我们该如何增加小牙签的飞行稳定性?

我们来做个小实验,找一张打印纸,卷在铅笔上,做一面小旗子。鼓起腮帮子,向这面小旗子吹风,看看在"风"的干扰下,小旗子怎样才会更稳定。

当风的来向与小旗子呈某一交角时,风对小旗子产生压力。当风从"旗杆"方向吹时,即使小旗子飘动产生了小交角,风力总是会把旗子"吹回"到原来的位置,这个位置就是小旗子的"稳定位置",如图11-14所示。

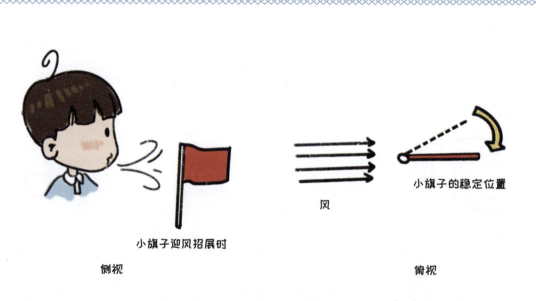

图 11-14

而当风从小旗子的"尾部"吹向旗杆方向时,也就是打算"逆风飞扬"时,小旗子和风之间只要产生了任何小偏角,风就会把旗子的尾部吹向离原来位置的更远处,基本上是180°大转弯。最后,小旗子只能乖乖地按照风吹的方向稳定下来。所以,这种短暂的"逆风飞扬"的位置就是旗子的"不稳定位置",如图11-15所示。

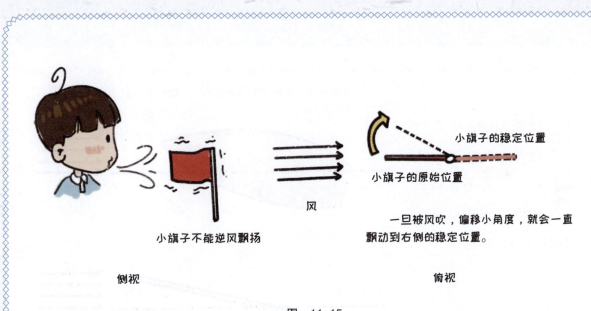

图 11-15

飞行中的炮弹也可以用上面这种方法来分析。

首先我们要了解一个概念：质心。

质心，也就是质量的中心。在物体飞行的过程中，可以理解为质心不动，而物体会绕着质心转动。也就是说，质心就像上面的旗杆，是相对平稳、不会运动的；而围绕这个质心的物体的其他部分，就像被风吹的旗子一样，在气流的力的作用下，会绕着质心飘动。接下来，我们看看飞行中的炮弹发生了什么吧！

如图 11-16 所示为一枚炮弹，其外形后半截粗短胖，前半截细长尖，这样设计可以帮助它减小风的阻力。

炮弹头 A，因为受各种外部的力（阻力等）影响而抖动。

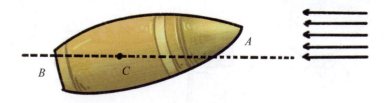

C 就是质心，在飞行过程中稳如泰山。

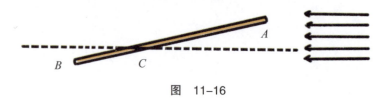

图 11-16

迎面被风吹时，从 A 到 C 的炮弹部分处于"不稳定位置"，容易大幅度摆动。

从 B 到 C 的炮弹部分，则处于"稳定位置"，努力地在维持着炮弹的稳定飞行。

所以，要想炮弹稳定地飞行，就要给炮弹的后半截加点"料"，让它能产生更多维持稳定的"力"。比如，增加后半部的表面积——增加尾翼。

导弹与炮弹的不同在于，导弹装有尾翼，如图 11-17 所示。尾翼增加了尾部的受风面积，因此导弹可以稳定地飞行。你观察一下，尾翼是不是就像我们前面讲过的"顺风飘扬"的小旗子？它们的工作原理也是一样的，尾翼像小旗子一样，在飞行中与风向保持一致，以产生维持稳定的力。

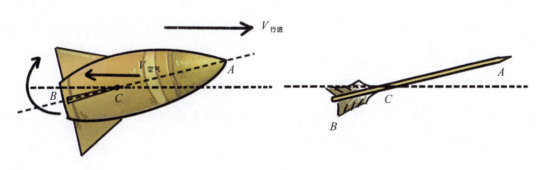

图 11-17

因此，我们在帮小牙签们回家的时候，可以在它们的"脚"那里粘上一些羽毛做箭羽，增大后半部的迎风面，让它们的飞行姿态更稳定，也让它们看起来更神气，更像一枚枚的箭。

要点总结

综上所述，如果想让小牙签们一起回家，就需要设计一个省力又稳定的发射装置——弩；如果想让小牙签们准确地落到船上，就得在外形上下功夫，比如在合适的位置粘上羽毛。

不过，带羽毛的箭是弓的专属，我们这次做的发射装置是"弩"，所以得想一下别的方法来增加稳定性。大家可以帮小牙签们打理一下外形，如修修脚底板（截去后面的尖头）、理个新发型（把前面再修整一下）等。

游戏 11　帮助小牙签们"坐船"回家

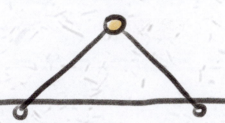

好了!现在大家应该知道送小牙签们回家的基本方法了吧?接下来就是动手实验的环节了。既然你已经掌握了让"箭"飞得更远、射得更准的秘密,能不能亲自动手来设计一套发射装置,让它们全部安全上船呢?

实验目标

设计并制作牙签发射装置,先摆放一个水盆,里面放一块大小合适的泡沫板当作船,然后在距离水盆 2 米的位置轮流用自己的发射装置对着泡沫板发射 10 根牙签。和你的小伙伴或者爸爸妈妈比一比,看谁能把更多的牙签射到船上。(注意安全,任何时候都不能把牙签对着其他人和自己发射,就算是小动物也不行哟!)

实验材料

工具:钳子 1 把、裁纸刀 1 把。
主要材料(单人份):圆珠笔 1 支、橡皮筋 1 根、A4 纸 1 张、粗铁丝 10 厘米、牙签 10 根、筷子 2 双。
辅助材料:泡沫板 1 块、水盆 1 个。
注意:使用裁纸刀进行剪裁和切割时要小心,要有大人在旁边指导。

。异想天开的力学游戏。

实验步骤

自行设计，写在这里吧！

游戏 11 帮助小牙签们"坐船"回家

实验观察记录

请写在这里!

异想天开的力学游戏

实验结论

请写在这里!

游戏情境

游戏 12 生命之源大接力

小朋友，你有办法让第二根藤蔓上的小猴子荡得更高吗？快回想一下你荡秋千的技巧，来帮助美猴王完成传水任务吧！

科学再现

荡藤蔓和荡秋千的原理其实是一样的,而想要靠自己一个人把秋千荡得更高,可不是光有力气就行的,里面有很多小技巧,它们背后涉及了一些物理知识,比如功、投影、摆动等。

相比一个人,两个人玩荡秋千想荡得高还是比较容易的。

比如小智哥哥和小玥妹妹在玩荡秋千。小智哥哥推了小玥妹妹几下后,秋千已经可以进行小幅度的摆动了。可是小玥妹妹觉得荡得更高才好玩,小智哥哥该怎么帮她呢?如果你有荡秋千的经验,就会知道其中的小技巧——推力要与速度方向一致。也就是说,当小玥妹妹向回荡过来时,小智哥哥不要推她,而要等她往前荡时再推,这时是最省力的,也能逐渐让秋千越来越高。而这背后就牵涉到"力和做功"这一概念。

在"帮助'倒霉蛋'高处逃生"游戏中,我们介绍了"功"的概念,知道通过做功可以把鸡蛋运到高处。在荡秋千时,小智哥哥推小玥妹妹也是在做功,但是做功的方式不同,效果也不一样。其实从两个成语更能说明问题的实质:"逆水行舟""顺水推舟"。把推力方向看作水流方向,把小玥妹妹的运动看作小船的运动。

推力与速度方向不一致的情况就像是"逆水行舟",小玥妹妹很快就会停下来,如图12-1所示。

而推力与速度方向一致的情况就像是"顺水推舟",小玥妹妹可以越荡越高,如图12-2所示。

游戏 12　生命之源大接力

推力与速度方向相反

图　12-1

推力与速度方向一致

图　12-2

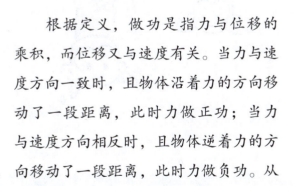

根据定义，做功是指力与位移的乘积，而位移又与速度有关。当力与速度方向一致时，且物体沿着力的方向移动了一段距离，此时力做正功；当力与速度方向相反时，且物体逆着力的方向移动了一段距离，此时力做负功。从能量角度看，如果秋千越荡越高，说明小玥妹妹的能量越来越大，而小玥妹妹只是坐在秋千上玩，根本没有考虑能量问题，所以是小智哥哥一直在做正功，把能量传到了小玥妹妹身上。

要点总结

学习完荡秋千与做功的关系后,我们现在知道,能量是可以通过做功来传递的。小猴子荡藤蔓时,如果挂在藤蔓上不动,就没有额外的能量传给藤蔓,藤蔓必然荡不起来。因此,小猴子想要荡得高(荡秋千也是如此),就需要:

(1)在藤蔓上"手舞足蹈"而不是"纹丝不动",考虑到小猴子要倒吊在藤蔓上,它们就要想办法扭动自己的上半身啦,如图12-3所示。

(2)想办法多做"正功",少做或者不做"负功"。

图 12-3

游戏 12 生命之源大接力

拒绝"劳而无功"

问题 1

如果力与速度的方向不在一条直线上,如何判断功的正负?

当我们在秋千上"手舞足蹈"时,重心会发生变化,而重心在竖直方向上的位置变化会产生重力势能。所以,在荡秋千时,我们可以通过控制重心的变化来实现做功,但需要让它做正功。

当力与运动方向不在一条直线上时,"换个角度看问题"是一种解决方法。例如,人坐在秋千上可以简化为一个单摆模型,虽然我们从正面看单摆的重力与速度方向不一致,但是如果从侧面看,重力与速度的方向都在竖直线上,就很好判断功的正负啦。

211

异想天开的力学游戏

单摆从高处向低处运动,重力方向向下,小球也在向下运动,因此重力做正功。重力做正功的结果是小球的速度越来越快,在最低位置时速度最大,如图12-4所示。

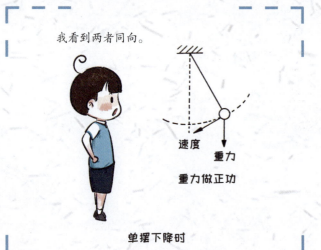

单摆下降时

图 12-4

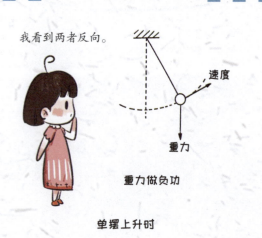

单摆上升时

图 12-5

单摆从低处向高处运动,重力方向向下,小球在向上运动,因此重力做负功。重力做负功的结果是小球的速度越来越慢,但是位置越来越高,如图12-5所示。

游戏 12 生命之源大接力

"换个角度看问题"是力学中的一种"投影"方法,利用投影可以把很多复杂的问题简单化。

知识延展

在测量领域,"投影法"有着悠久的历史,例如《九章算术》中就记录了一种高度测量方法——重差术,可以用来解决城池、山高和井深的测量问题。到了唐朝初期,这一部分内容被人从《九章算术》中抽出来,成为一部独立的著作。因为它的第一题是关于测量海岛的高和远的问题,所以这本著作被命名为《海岛算经》,如图 12-6 所示。

图 12-6

以利用重差术测量山峰高度为例,让一个人(或标尺)站在平地上,以人的身高为半径,站的位置为圆心画一个圆。在太阳照射下,人在地面上会留下影子。随着太阳的移动,影子的长度也在变化。大家都知道正午影子最短(在一年中的某些时间,影子在圆内),日出、日落时影子最长(影子超出了圆),那么一定存在某一时刻影子正好在圆的边界上,这时影子的长度等于人的高度。只要我们把这一时刻山峰的影子长度测出来,就能知道山峰的高度了,如图12-7所示(图中人和山峰不是按比例画出的,仅做示意)。

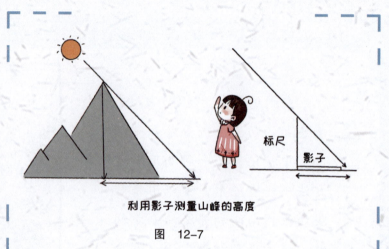

利用影子测量山峰的高度

图 12-7

这个例子很好地表明了"知识"和"智慧"的区别,人人都知道物体在阳光下有影子,也知道影子的长短会变化,但是《九章算术》的作者利用这些知识就可以解决某些问题,把知识变成了智慧。

除此之外,古人还利用"立竿见影"来确立方向、测定时刻、测定节气甚至回归年的长度等。比如,古代利用太阳运行的投影变化来计时的日晷,就蕴含着古代劳动人民的智慧。

游戏12 生命之源大接力

问题2

怎么让秋千持续获得能量?

> 秋千越荡越高,说明能量在不断增加,所以我们要持续为它传递能量。如果时而做正功时而做负功,那就会"劳而无功"了,因此要想办法一直做正功。

原理分析

坐在秋千上随便动动手脚,秋千就会微微荡起来。只是采用这种方式不可能把秋千荡得很高,所以我们还要进行一些稍微复杂的操作。

首先，我们可以站在秋千上，当秋千荡到最低位置时，双手用力拉绳突然站起来，你的重心将上移（重力势能增加），如图12-8所示。此时秋千的速度没有明显变化，但在这一过程中，人和秋千的总能量（动能与重力势能之和）增加了，因为你做了功，并把身体内的部分化学能变为重力势能。

然后，在秋千从最低点荡到最高点的过程中，你慢慢下蹲。在这个过程中，重力不再做负功了，甚至还可以做正功（重心下降，重力方向朝下）；当秋千升至最高点时你再迅速站起，使重力势能增大，如图12-9所示。

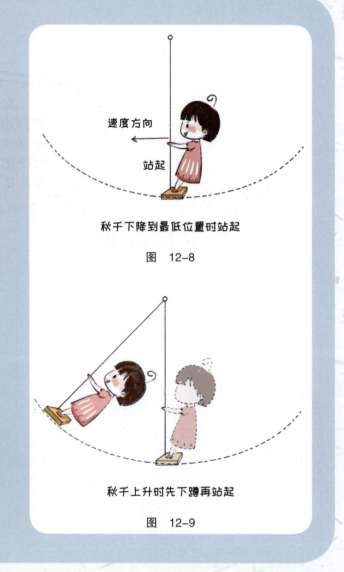

秋千下降到最低位置时站起

图 12-8

秋千上升时先下蹲再站起

图 12-9

注意：在秋千上升时，如果你不下蹲，重心会向上运动，不利于加速；而你下蹲时，虽然秋千在上升，但你的重心仍可能向下运动。

秋千由最高点荡回最低点时慢慢下蹲

图 12-10

最后，当秋千由最高点荡回到最低点时你慢慢下蹲，此时重心的位置下降，此过程重力仍然做正功，如图12-10所示。这样在秋千来回摆动过程中重力始终做正功，你不断地把体内的化学能转化为重力势能，而重力势能又转化为动能，你就越荡越高了。

要点总结

总之，荡秋千的人应在秋千运动到最低点时迅速站起，然后再慢慢下蹲，当秋千荡到最高点时，再猛然站起；过了最高点后再慢慢下蹲，到了最低点时再猛地站起……重复上面的动作，则秋千便会越荡越高。而小猴子荡藤蔓，因为是用尾巴和腿卷住了藤蔓，则可以通过抬起上半身、垂下上半身的方式来调整重心，如图12-11所示。这个动作是不是很熟悉？对，就像表演空中飞人的杂技演员做的那样：

图 12-11

（1）在最低位置把脚高高翘起（或者把上半身高高抬起），就相当于把重心抬高了。

（2）在荡起来后，再把脚收回（或者是垂下上半身），相当于把重心降低。

游戏 12　生命之源大接力

动手实验

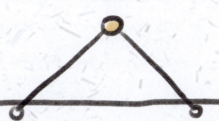

经过不懈的努力与尝试，小猴子们终于成功完成了"生命之源"——水的传递，让自己的家人免受干渴之苦。虽然我们不能像小猴子一样在山间自由地游荡，但通过荡秋千我们也是可以间接体验到它们是如何完成这一壮举的。

实验目标

本实验的实验目标很简单，就是和自己的小伙伴或者爸爸妈妈去荡秋千，然后分别尝试两个人玩和一个人玩时，怎么才能荡得更高。

实验材料

工具：无。
材料：无。
注意：荡秋千的时候不能为了追求高度而忘了安全！所以不要比谁荡得更高，而是确定一个安全的高度，看谁能先荡到。

异想天开的力学游戏

实验步骤

自行设计,写在这里吧!

游戏 12　生命之源大接力

实验观察记录

请写在这里!

异想天开的力学游戏

实验结论

请写在这里！